本书受到北京工商大学学术专著出版基金支持

中国式环保行为管理：干预策略和作用机制的探索

李　杨　著

中国财经出版传媒集团

中国财政经济出版社

图书在版编目（CIP）数据

中国式环保行为管理：干预策略和作用机制的探索／李杨著．—北京：中国财政经济出版社，2018.8

ISBN 978 - 7 - 5095 - 8289 - 3

Ⅰ．①中…　Ⅱ．①李…　Ⅲ．①消费者 - 环境保护 - 研究 - 中国　Ⅳ．①X24

中国版本图书馆 CIP 数据核字（2018）第 115285 号

责任编辑：高树花　　　　　责任印制：刘春年
封面设计：孙俪铭　　　　　责任校对：黄亚青

中国财政经济出版社 出版

URL：http：//www.cfeph.cn

E - mail：cfeph @ cfeph.cn

社址：北京市海淀区阜成路甲 28 号　邮政编码：100142

营销中心电话：010 - 88191537　北京财经书店电话：64033436　84041336

北京财经印刷厂印装　各地新华书店经销

710×1000 毫米　16 开　15 印张　230 000 字

2018 年 8 月第 1 版　2018 年 8 月北京第 1 次印刷

定价：58.00 元

ISBN 978 - 7 - 5095 - 8289 - 3

（图书出现印装问题，本社负责调换）

本社质量投诉电话：010 - 88190744

打击盗版举报热线：010 - 88191661、QQ：2242791300

前　言

　　2013 年，大多数中国人都知道了一个新词："雾霾"。那一年 1 月，全国有 30 个省区市长时间被雾霾笼罩，北京市民更是仅仅享受了 5 天非雾霾的日子。亚洲开发银行和清华大学共同发布的《迈向环境可持续的未来——中华人民共和国国家环境分析》报告指出：中国 500 个大型城市中，只有不到 1%达到世界卫生组织空气质量标准。与此同时，全世界污染最严重的 10 个城市名单上，有 7 个来自中国。那一年，人们深刻意识到，中国环境问题的解决迫在眉睫。

　　中国政府对于环境问题的重视与日俱增。中共十九大报告正文中，"生态"一词共出现 42 次，"绿色"一词共出现 15 次；同时，"绿色发展"成为五大发展理念之一，足以看出中国政府对于改善环境的信念和决心。为了实现绿色发展，中国政府一方面要从宏观层面入手，以市场为导向，鼓励绿色、环保产业的发展和壮大；另一方面，政府又要从微观层面入手，倡导绿色低碳生活方式，推动绿色家庭、绿色社区和绿色出行建设。由此可见，个体、家庭的环保行为管理对于整个国家的绿色发展、生态文明建设都有着至关重要的影响。

　　目前，中国有关环保行为的研究人数和研究成果都呈现出飞速增长的态势，越来越多的课题组开始从事环保行为的研究。但是与国外的研究相比，我国目前的研究还处于起步阶段，研究领域、研究内容、研究视角和研究方法等都有待丰富和深化。此外，如何将西方环保行为研究与中国特色相结合、如何将理论研究与环保行为管理实践相结合、如何将环保行为与人们的消费行为相结合、如何将传统的研究理论与年轻一代消费者的新理念和新的生活方式相结合，都是学者们需要共同思考和探索的问题。

本书以"中国式环保行为管理：干预策略和作用机制的探索"为主题，选择了人们日常的四种环保行为（绿色消费行为、节能行为、绿色出行行为、回收行为）作为缩影，来分析中国消费者环保行为管理的作用机制以及能够影响他们环保行为的干预策略。具体来讲，本书分成以下四个主要部分：第一，梳理过去 50 年西方学者在环保行为研究方面的成果；总结西方学者关于环保行为的研究思路、研究方法和研究结论；从绿色消费者行为、节能行为、绿色出行行为和回收行为四个方面来解析各种环保行为之间的共性和差异；分析西方消费者环保行为的特征和影响因素（第一章）。第二，基于过去中国学者对中国消费者环保行为的研究，对比西方消费者和中国消费者在环保行为方面的差异，总结中国式环保行为的特征和特色，寻找未来环保行为研究的切入点和突破点（第二章）。第三，依次对中国消费者的绿色消费行为、节能行为、绿色出行行为和回收行为进行分析，通过定性和定量相结合的研究方法，针对不同环保行为的特征，构建差异化的管理路径，探索各种环保行为的干预策略（第三章、第四章、第五章和第六章）。第四，分享企业的回收项目案例，为政府、企业、公益组织的中国消费者环保行为管理提出切实有效的建议，也为未来学者们研究中国消费者环保行为提供了方向和新的思路（第七章、第八章和第九章）。

本书涉及的研究涵盖了环保行为研究领域的多种研究方法，具体包括质性研究和案例分析、问卷调查、实验室实验和田野实验。本书细致介绍了每一种研究方法的设计过程、开展过程和数据分析过程，详细展示了研究结果，并附录了相应的实验资料、量表、采访提纲、问卷等，这些为学者们未来在消费者环保行为领域的研究提供了颇具参考价值的研究工具和数据支持。

同时，本书涵盖了多种与消费者相关的环保行为领域，并根据每种环保行为的特征构建了相应的环保行为作用机制模型、从内在和外在两个方面探索中国消费者环保行为的影响因素、探索了多种干预策略对环保行为的影响路径、分析了各种路径的存在理由和路径边界、尝试了从企业实践推导理论研究，又从理论研究指导企业实践互促过程，为未来的研究搭建了坚实的理论基础。

　　此外，本书分享了企业实际的回收项目管理案例，为企业和公益组织开展相应的环保项目提供了可操作性的建议和指导，同时也为政府针对市民开展的环保项目提供了设计思路和管理方法。本书第二章对于中国式环保行为特征的总结，能够帮助政府、企业和公益组织更加了解环保项目的目标受众；本书第八章的建议，亦能帮助政府、企业和公益组织了解，在中国开展环保项目时需要注意、避免和强化的要点，实现了环保行为研究理论和实践的无缝对接。

　　本书是在作者的多项有关中国消费者环保行为的研究成果基础上修改而成的。感谢北京工商大学商学院院长王国顺教授和副院长孙永波教授对本书出版的大力支持！感谢我的博士后合作导师符国群教授、博士生导师金晓彤教授以及硕士生导师范徵教授在我的学术成长道路上给予的帮助和鼓励！同时感谢中国财政经济出版社段钢先生为本书出版所付出的汗水！

　　最后，希望本书能够起到抛砖引玉的作用，吸引更多青年学者投身于环保行为的研究领域，鼓励更多学者们勇于在消费者环保行为的研究领域尝试田野实验。本书存在的各种不完善和不成熟的地方，也敬请各位专家学者多多指教。希望我们能够一起努力，推动中国消费者环保行为的研究，为中国的环保行为管理和环保实践做出自己的贡献！

作　者

2018 年 3 月

目　　录

第一章 西方环保行为研究现状

第一节 环保行为的界定和分类

西方学者对于环境保护行为的研究始于 20 世纪 70 年代初。那个时候，美国出现了天然气供应短缺的问题，许多洲际天然气管道公司面临履约困难。1978 年，美国国会通过了《1978 年天然气政策法》，作为国家能源法案的一部分，逐步放松对天然气市场，特别是天然气价格的管制。改革天然气的定价，随之而来的是天然气价格的上涨，以及人们对于节约能源、减少成本的关注。1979 年，美国市场营销协会举办了一届以"节约能源"为主题的年会，引发了学者们对能源节约行为的研究，也就此掀起了环保行为研究的浪潮。

一、环保行为的定义

西方学者通常将环保行为称为亲环境行为（pro-environmental behaviors）、具有环境意义的行为（environmentally significant behavior）或负责任的环境行为（responsible environmental behavior）。Hines 和 Hungerford（1987）将"负责任的环境行为"界定为：基于个人责任感和价值观的有意识的行为，旨在避免或解决环境问题。Stern 指出，具有环境意义的行为（environmentally significant behavior）可以分成两种：一种是从行为所带来的影响的角度入手进行界定（即影响导向），将其定义为：能够改变环境中现有材料和资源的数量或能够改变生态系统结构或生物圈本身的行为（Stern et al., 1999）。另一种是从参与者本身角度入手（即意向导向），定义为人们主动承担的、旨在改善环境的行为。

二、环保行为的分类

基于以上定义，Stern（2000）将环保行为分成四类，目前大部分学者在进行环保行为的研究时，都是依据 Stern 的方法进行分类的。第一类是激进的环保行为（environmental activism），指积极参与环境示威游行等行为。第二类是公共领域的非激进行为（nonactivist behaviors in the public sphere），主要包括积极的环保公民行动，如为环保议题请愿、加入环保组织或为环保组织捐款等行为；以及政策支持，如接受环境法规、愿意为环境保护支付更高的税赋。第三类是个人领域的环保行为（private-sphere environmentalism），即购买、使用和处置个人和家庭产品所给环境带来的影响。第四类是其他具有环境意义的行为，如个人可以通过影响他们所在组织的行为来影响环境。

Stern（2000）根据决策类型的不同，将个人领域的环保行为做了细分，分成四种：①购买会给环境带来重要影响的家庭用品和服务（如汽车、家庭能源、娱乐旅游等）；②使用和维护会给环境带来重要影响的产品（如家里的加热和制冷系统）；③家庭废弃物品的处置；④"绿色"消费（购买在生产过程中考虑到对环境影响的产品，如购买可回收的产品和有机食物等）。

第二节　环保行为研究的基础理论

西方学者对于环保行为的研究涉及的时间跨度较长、研究范围较广。基础理论也比较丰富，尤其是从消费者内在影响因素的角度进行分析的基础理论非常成熟，这些理论可以被普遍运用到各种类型的环保行为研究中。主要的理论包括以下几种。

一、规范激活理论（Schwartz，1973）

1973 年，Schwartz 从个人规范理论的角度出发来研究人们乐于助人的行为的影响因素。首先，他指出，个人规范是指人们所持有的对自我的期望，并强调这些期望来自社会共享的规范。其次，他强调了个人规范和社会规范的区别在于：个人规范的约束力与自我概念联系在一起，因此对于个人规范的违背将会导致个人内心的罪恶感、自我否定以及自尊的丢失；相反，对于个人规范的遵守将会带来自豪感、自尊的提升以及安全感（Schwartz，1970）。个人规范和普遍存在的社会规范之间一定会有重叠的部分，因此 Schwartz 认为的"规范"更加强调个人预期的提升，个人规范的核心特征是当个人决定开展某种行为时，其内心所感到的强烈的道德责任。基于对个人规范的描述，Schwartz 提出假设：与助人为乐（或其他以道德来评价的行为）相关的个人规范如果能被激活，需要个人：（1）意识到特定情境下某种行为能对人们的福利造成影响；（2）坚信个人规范禁止这种产生相关影响的行为；（3）感到自己有能力控制这种受到禁止的行为以及其带来的后果，也就是拥有一些个人的责任意识。当上述三种情况满足时，个人规范就会被激活。同时，Schwartz 也指出，个人遵守内心的个人规范时，会需要付出时间和精力，有时还要做出其他方面的牺牲。在研究中，Schwartz 向受访者寄出问卷，询问他们是否愿意捐献骨髓，并在问卷中设计了有关个人规范的测量，结果显示，被激活的个人规范会对行为产生影响。

由此，Schwartz（1973）提出了规范激活理论，该理论的核心观点是：被激活的个人规范能影响个人的环保行为。该理论重点强调个人规范与社会规范的区别。与那些从外在约束个人行为的社会规范相比，规范激活理论中强调的个人规范是从消费者内在而生的一种约束力量，对于它的遵守能为消费者带来自豪感和自尊的提升。同时，规范激活理论还指出，个人规范被激活的两个前提条件：其一，个人需要意识到没有执行亲社会行为会给他人造成不良的后果（awareness of consequence，AC）；其二，个人需要感到自己对这些不良后果负有责任（ascription of responsibility，AR），当这两个条件之一被满足时，个人规范就能被激活，且被激活的个人规范能影响个人的行为。规范激活理论作为后来环保行为研究的理论基础，具有非常深远的意义。

二、NEP 理论（New Ecological Paradigm）

1978 年，Van Liere 和 Dunlap 在规范激活理论的基础之上，提出了新生态范式理论。该理论认为人类的行为已经对脆弱的生态环境造成了持续的不利影响，个体所持有的"人类行为能够对生态带来影响"的信念会影响到个体的环保行为。新生态范式理论建立在反人类中心主义价值观基础之上，它强调了环境因素对人类社会的影响和制约，认为社会生活是由许多相互依存的生物群落构成的，人类仅是诸多物种中的一种，整个社会空间、资源是有限的。因此，经济增长、社会进步以及其他社会现象都受到自然和生物学的潜在限制。

Dunlap 于 2000 年对新生态范式理论和量表进行了修订。修正后的量表内容包含五个方面：人们对生态平衡的看法、对人类中心主义的看法、对生态危机的看法和对增长极限的看法。NEP 量表在文献中被广泛用于关于环保行为的心理测量中，测量关于人类行为对生态的影响的一般信念。

三、计划行为理论

计划行为理论是目前在环保行为研究中被应用最为广泛的理论。该理论的提出者 Ajzen（1991）认为，行为态度（attitude toward the behavior）、主观规范（subjective norm）、知觉行为控制（perceived behavioral control）、意向（intention）和行为（behavior）之间存在逻辑关系。

具体来讲，意向表明为了开展某个行为，人们愿意付出多大的努力。一般来说，一个行为的意向越强烈，开展这个行为的可能性就越大。但是行为的开展在某种程度上也依赖于非动机因素，如必要的机会和资源（如时间、金钱、技术和其他人的合作），这些因素代表人们对行为的实际控制。因此，行为能够得到开展依赖于动机（意向）和能力（行为控制）。

此外，计划行为理论还假定了三个决定意向的独立概念：行为态度，指个人对该项行为所持的正面或负面的感觉；主观规范，指对开展或不开展某个行为的社会压力的知觉；知觉行为控制，指对开展某个行为的难易的知觉，并且被认为是对过去的经验的反映，也就是对困难和障碍的预期。一般来说，对于某一行为的态度和社会规范越支持，所知觉到的行为控制力越大，个体对于开展这种行为的意向也就越强烈，就越有可能开展这种行为。

四、价值观理论

价值观理论的基本观点是：个人所拥有的价值取向会影响到人们的活动。Schwartz（1994）首先提出了价值管理论，他认为人类的价值观包括：自我超越、自我提升、保守和对变化的开放态度四个维度。其中，自我超越包括普遍性和慈善两种动机类型；自我提升包括权力和成就两种动机类型；保守包括传统、遵从和安全三种动机类型；对变化的开放态度包括自我定向、刺激和享乐主义三种动机类型。同时，Stern 和 Dietz（1994）又提出，人类的环保行为源于三种价值取向：利己价值取向、利他价值取向和生物圈价值取向。研究发现，自我超越价值观或利他主义价值观都会对人们的环保行为带来积极的影响。后来，又陆续有学者证实了价值观对于环保行为的显著影响（Stern et al. , 1995；Karp, 1996；Dietz, 1998）。

五、VBN 理论

Stern Paul（1999）及其同事一起基于价值观理论、规范激活理论和新生态范式理论提出了 VBN 理论，研究了价值观—信念—规范—环保行为之间的逻辑递进关系。该理论通过因果链将 5 个变量链接起来：价值观、NEP 环境信念、后果意识、责任归属和有关环保行为的个人规范。因果链开始于相对稳定的一般的价值取向，之后到更加突出的关于人类与环境的关系的信念（NEP），再到个体关于对价值对象造成的威胁信念和对行动负责的责任信念，最后激活个体采取正确行动的责任意识。在这个因果链中，每个变量直接影响下一个变量，也会直接影响更后面的变量。

这个理论还首次将"个人规范"进一步细化为"亲环境个人规范"（pro-environmental personal norm），并将其界定为：通过内化的对环境的责任意识而执行的非正式的义务。VBN 理论开发了亲环境个人规范的测量量表，并通过实证研究证实了亲环境个人规范与环保行动之间的密切关系。

除了上述理论外，西方学者关于环保行为的研究中也涉及了其他共性影响因素的探索，这些因素对于各种环保行为都能带来一定的影响。Stern（2000）构建了一个分析环保行为和其相应因果性变量的框架（参见表 1-1），该框架对于环保行为影响因素研究具有指导意义。

表 1-1　主要的具有环境意义的行为以及影响这些行为的因果性变量

因果性变量	具有环境意义的行为
个人态度	激进的环保行为
环保主义倾向	公共领域的非激进行为
与特定行为相关的规范和信念	环保公民行动（如为环保议题请愿、加入环保组织）
非环保态度（例如关于产品特性）	政策支持
对于行为的感知成本和感知价值	个人领域的环保行为
个人能力	消费者购买行为
教育背景	家用设备的维护
社会地位	家用设备、生活方式的改变（减少非环保行为）
财富实力	垃圾处理行为
与特定行为相关的知识和技能	绿色消费主义
环境因素	其他环保行为
材料成本和奖励	能够影响所在组织决策的行为
法律和法规	
可行的技术	
社会规范和社会期望	
支持政策	
广告	
习惯和常规行为	

资料来源：Stern Paul C. Toward a Coherent Theory of Environmentally Significant Behavior［J］. Journal of Social Issues，2000，56（3）：407 - 424.

虽然环保行为的研究存在很多共性的分析，但是每种类型的环保行为的影响因素也存在一定的差异。以下将依照 Stern 对个人领域的环保行为的划分，从四个方面来回溯西方学者对于不同环保行为的研究切入点和研究结果。

第三节　能源节约类环保行为研究的梳理

能源节约类环保行为主要包括两种：投资行为（investment behavior）和缩减行为（curtailment behavior）（Han et al.，2013）。投资行为是指投入资金以改善能源效率（energy efficiency），进而达到节约能源的目的。这种行为既可以包括改善居住环境的能源效率，例如，将旧的单层玻璃窗更换为双层玻璃窗；也可以包括购买节约能效的家用电器，如购买 LED 灯。这种投资行为通常是一个单次购买决策：虽然前期投入了资金，但是未来有可能更加省钱，因此，这种选择并没有让人们放弃原有的舒适生活。另一种缩减行为则是在现有的设备或电器基础上，通过改变人们的行为来达到节约能源的目的，如缩短洗澡的时间、调低室内供暖设备的温度等。通常，人们需要反复、持续地开展这些行为才能最大限度地实现能源的节约。虽然，人们不需要为这种行为支付金钱，但是人们需要改变过去的生活习惯和生活方式，进而可能带来舒适度的牺牲。此外，这类能源节约行为还存在行为反弹的风险（Berkhout et al.，2000）。

能源节约类环保行为的研究始于 20 世纪 70 年代的石油危机（Singh，1972）。目前西方的研究主要是围绕缩减行为开展的，投资行为的研究多归类于环保型家庭用品购买行为，将两者视为同一行为对待。我们将在下个小节回顾有关环保类家庭用品购买行为的文献，因此这个小节将聚焦缩减行为。缩减行为的研究通常采用问卷调查和田野实验的方式。问卷调查多用于研究客观因素和内在因素对人们的能源节约行为的影响。研究发现：能源价格（Walker，1980）、人口因素（Narendra，2009）、住房面积（Matthew and Eric，2004）、家庭规模（Pachauri，2004）、能源使用类型（Walker，1980）、消费者的环境态度（Onur and Timothy，2014）以及主观规范（Webb et al.，2013）

都会对人们的能源节约行为产生影响。田野实验则成为目前西方学者研究能源节约类环保行为的主流研究方法，前置变量则集中在干预策略。干预策略旨在通过影响个体的感知、偏好和能力来影响人们的自觉行为的改变（Abrahamse et al.，2005）。干预策略被分成三种：先行性干预、结果性干预和结构性干预（Han，et al.，2013）。

（1）先行性干预策略能提升人们的知识、引起他们对于能源问题的关注，进而促进能源节约行为（Dietz and Stern，2002）。先行性干预策略包括提供信息、展示、建立承诺、树立目标、提供免费产品等。信息可以包括总体的与能源节约相关的信息和具体解决问题的信息，如节约能源的方式。信息可以通过诸多方式传递，如工作室（Geller，1981）、大众媒体（Craig and Mc-Cann，1978；Hutton and McNeill，1981；Staats et al.，1996）和为用户量身定制（Parker et al.，2005；Abrahamse and Steg，2009）。向人们展示推荐的行为也能带来一定的效果，前提是这些实例是相关的、重要的且能带来价值的。免费产品也能让人们在体验中获得知识，提升他们对于节约能源的关注。承诺是一种口头或书面的对于"改变行为"许诺或应允（Abrahamse et al.，2005）。Katzev 和 Johnson（1984）发现，相比只有奖励的干预，承诺或者承诺加奖励的干预能促进人们最大限度地节约用电。

如果承诺只是私下完成的，也就是对自己的承诺，那么可以激活个人规范来影响人们的节约能源行为（Lucas et al.，2008）。如果承诺是在公开场合完成的，如在地方报纸上的声明，那么社会规范（如他人的期望）则能影响个体的能源节约行为（Cialdini，2005）。但是，以往的研究发现，相比公开承诺，私下承诺所带来的节约天然气和节约用电的效果最为明显，且这种效果在干预结束后，还能持续六个月（Pallak and Cummings，1976）。承诺还可以与具体的目标联系在一次，如承诺在 5 年内减少 5% 的能源使用。目标设定的承诺又经常与其他干预策略结合在一起使用，如反馈（Houwelingen and Raaij，1989）。研究发现，困难的目标配合定期的反馈，能最为显著地促进人们的节约用电行为（Becker，1978），该结论被 McCalley 和 Midden（2002）在节约用水的实验室试验进行了证实，同时后者还发现了社会价值取向（social value orientation）和目标的设置方式（自我设定目标 vs. 外界指定目标）之间存在交互作用。

（2）结果性干预策略的基础假设是：人们能看到的积极或消极的结果会对行为带来影响（Darby，2006）。反馈和奖励作为两种刺激因素能与积极或消极的结果相联系。Abrahamse（2007）的研究结果显示，将能源节约率的信息反馈给受访者，能显著地促进他们的能源节约行为。此外，当反馈的频率增加或反馈与特定的节省目标相联系时，反馈将更加有效。奖励对于缩减能源使用行为的影响效果也很显著，但是这种效果往往随着奖励的停止而消失（Geller，2002）。

（3）结构性干预政策旨在改变情景因素来协助行为的改变（Steg，2008）。财政支持和规章制度能调整人们行为改变的成本和收益（Steg and Vlek，2009）。实体系统、科技系统和组织系统的改变能带来产品和服务可获得性的提升。政策引导下，高能耗的产品和服务可能会逐渐退出市场或变得暗淡无光；相反，补贴政策又能促进一些节约能源的产品或服务的推出，如节能家电。税收等价格政策也能改变人们的日常能源使用行为。同时，政策的执行也很重要，Parker 等（2005）就指出，社区各个利益相关者共同的投入和参与，能有效推进市民的能源节约行为。

第四节　节能类家庭用品购买行为研究综述

如前面分析能源节约类投资行为与缩减行为的差异，节能家庭用品的购买行为与其他环保行为也存在类似的差异，主要表现在以下几个方面：其一，节能家庭用品购买行为是一种单次的决策行为，它涉及人们的一次购买，而非长期持续的行为。其二，人们开展这种环保行为不仅能对环境带来帮助，也能给自己带来利益，即在未来的使用中节约成本。其三，大部分的节能家庭用品购买行为并不会给人们带来舒适度的损失。此外，汽车作为一种特殊的耗能的家庭用品，包含两方面的环保行为研究：汽车购买行为和汽车使用行为，这两方面的环保行为都可能涉及消费者舒适度的损失，因此，我们将汽车购买和使用方面的环保行为单独作为一个部分来进行介绍。这个部分将回顾除了汽车以外的节能类家庭用品购买行为的研究。

先行性干预策略方面，信息依然是最先考虑的影响因素。McNeill 和 Wilkie（1979）研究了冰箱的标签介绍上有关节约能源的信息对人们购买意愿的影响，结果发现，产品标签的确能传递一定的节能信息，但是其本身不足以带来人们行为的改变。西方学者将针对环保类家庭用品的广告信息分成：功能导向（即强调个人能通过购买这种产品节约多少成本，获得金钱方面的收益等）和社会导向（即强调其他人都在致力于对能源节约做出贡献）（Allen，1982）。有关两种信息的效果的争论始终存在。Hutton 和 Wilkie（1980）发现，有关产品生命周期成本的信息（life cycle cost），即一个产品在其使用期间内会产生多少成本，能显著提升人们对于节能冰箱的购买意愿。Allen（1982）则认为，功能导向类信息会淡化人们的自我价值感知。他指出，相比功能导向类信息，社会导向类信息能显著影响消费者有效性感知，进而影响他们对于节能产品的选择。

第五节　汽车购买和使用方面的环保行为回溯

汽车购买方面的环保行为主要是指人们对于新能源汽车的购买行为；汽车使用方面的环保行为，主要是人们对汽车使用频率的减少，也就是绿色出行。

一、新能源汽车购买行为研究

新能源汽车与其他节能类环保产品相比存在以下几点差异：首先，新能源汽车属于外在使用类产品，即拥有者使用这款产品时是他人可视的；其次，由于目前全球新能源汽车技术并不成熟，因此新能源汽车可能会给使用者带来舒适度的损失；再次，新能源汽车的政策导向比较明显，在中国尤为如此；最后，其他节能家庭用品的替代品是非节能产品，但新能源汽车的替代品不仅是燃油汽车，还有共享新能源汽车、公共交通等，因此对新能源汽车购买行为的研究应该从更加宽广的视角切入。

西方学者对新能源汽车购买行为的研究多采用问卷调查的方式完成,也有部分学者通过访谈来收集数据(Asxen et al.,2013)。新能源汽车购买行为的研究既涵盖了普遍适用于各种环保行为的影响因素分析,也加入了新能源汽车专属的影响因素的探索。前者主要包括个体的价值观(Barbarossa et al.,2017)、环境态度(Teisl et al.,2008)、道德规范动机、环境知识(Nijhuis and Van den Burg,2007;Coad et al.,2009)、产品知识(Ratchford et al.,2007)、产品感知价值、社会影响(Mau et al.,2008;Asxen et al.,2013)等。也有学者进行了跨文化的比较,例如,Oliver 和 Lee(2010)通过问卷调查数据发现,个体对新能源汽车的感知社会价值与韩国(持有集体主义价值观)的消费者的新能源汽车购买意愿呈正相关,但是与美国(持有个人主义价值观)消费者的新能源汽车购买意愿呈负相关。

除了上述普遍适用的影响因素外,由于新能源汽车的外显性特征,新能源汽车的购买行为还经常与个体的自我身份构建(Janssen and Jager,2002;Barbarossa et al.,2017)、自我形象(Oliver and Lee,2010)、身份象征(Kahn,2007)等联系在一起。此外,由于目前全球新能源汽车的科技发展还不够成熟,因此消费者对于新能源汽车的风险感知也是西方学者经常探讨的问题。相比其他家庭能源节约型环保产品,新能源汽车的购买行为还呈现显著的政策导向特征。学者们指出,政府对于新能源汽车的财政补贴(如税收减免)能显著影响人们的新能源汽车购买行为(de Haan et al.,2007;Nijhuis and Van den Burg,2007;Coad et al.,2009)。

二、绿色出行行为研究

"城市绿色出行"是指可代替小汽车出行,并能有效缓解城市交通拥堵、降低交通空气污染的对不同社会阶层群体均具有吸引力的出行方式。绿色出行作为环保行为的一种,拥有与其他环保行为相同的研究理论基础:计划行为理论和 VBN 理论。在研究方法方面,西方学者对于绿色出行的研究多采用田野实验的方法。此外,对于出行者来说,绿色出行是一种在个人利益与集体利益之间权衡的行为。Avineri 和 Waygood（2013）分析了不同的信息可能对人们的绿色出行带来的影响。他们发现，这种信息存在一定的社会化困境（social dilemma），人们必须在集体利益和个人利益之间做出选择。如果人们不选择绿色出行，那么将会损害到集体利益，从长远来看会造成更加严重的环境污染，但是并不会直接影响到个人利益；相反，如果人们选择绿色出行来保护公共利益，他们可能会牺牲了个人的舒适度。

（1）在理论研究方面，Bergan 和 Schmidt（2001）以计划行为理论为基础，通过田野实验的方式探讨了政策干预对不同类型的学生的公共交通使用行为的影响。Heath 和 Iffor（2002）通过计划行为理论成功预测和分析了学生对于公共交通出行方式的选择；Loo 等（2015）通过计划行为理论来探讨心理和文化因素对于东南亚人们出行方式选择的影响。Victor Corral-Verdugo 等（2009）基于 VBN 理论分析了市民绿色出行的原因，并在理论中引入了多样性偏好（affinity towards diversity）变量，认为个体越偏好多样性，越有可能选择绿色出行。Rhead 等（2015）通过英国的民众环保意识调查数据，证实了VBN 理论对于绿色出行行为的解释力度。此外，计划行为理论也成为绿色出行行为研究的主要理论支撑。

（2）在个体因素方面，Barff 等（1982）构建了一个人们出行模式选择的基本预测模型，该模型将出行时间、出行成本、舒适度、便捷性、安全等因素与出行者本身的个体因素（如收入、居住位置等）构建在了一起。该模型成为日后学者们研究绿色出行影响因素的基础。目前的研究结果显示，出行的时间、成本、出行距离、城市规模和建筑环境等都会对人们出行方式的选择产生影响（Palma、Rochat，2002；Scheiner，2010；Loo et al.，2015），此外，个人的年龄、家庭收入、家庭基本情况（如工作人数等）也会发挥一定的作用（Palma and Rochat，2002）。除了这些客观的因素外，出行者的环境意识（Leila Elgaaied，2012）以及出行者内在的情感，如对于多样性的喜欢、对于出行舒适度和可选方式的感知、预期的内疚感、对开车的渴望、自我认同和社会认同的感知、对出行目的地的感觉等（Line，2010；Leila Elgaaied，2012；Deutsch et al.，2013；Loo et al.，2015）均会对出行者最终的选择造成影响。

　　与其他环保行为相比，绿色出行受到政策导向的影响较为显著，其中最重要的就是限行政策。限行政策最早始于拉丁美洲。20 世纪 70 年代，阿根廷的首都布宜诺斯艾利斯最先开始在特定日子按照汽车尾号进行单双号限行政策。1989 年，墨西哥当地政府推出了"一天限行"（HNC）的项目，根据汽车尾号开展每周限行一天的政策。随后，许多拉丁美洲国家都纷纷效仿（Bull，2003）。虽然该举措受到了许多地方政府的欢迎，但是学术界对于其效果的评价却是褒贬不一。Kornhauser 和 Fehlig（2003）认为限行政策作为一种道路空间调配政策，比道路收费更加公平。但是，Ortuzar（2003）却认为圣地亚哥的限行政策对不同阶级使用者的影响是不同的，如部分汽车使用者能更加轻松地找到汽车替代方式。中国的限行政策始于 2008 年奥运会，截至 2017 年年底，中国已经有 8 个省，近百座城市采取了机动车尾号限行的政策。

　　国内外学者对于限行政策的评价主要是从时效性和成本收益两个方面来进行的。从时效性方面来看，学者们普遍的观点是：限行政策仅在短期发挥效果（Eskeland and Feyzioglu，1995；Cantillo and Ortuzar，2010）。从私家车的角度来看，短期内限行政策会控制每天出行的私家车数量（Louise and Rodrigo，2011），但是长期会刺激私家车数量的增长（Eskeland and Feyzioglu，1995；Foo，1998；Bull，2007）。从限行政策对环境的影响来看，限行政策也存在一定的时效性。学者们发现限行政策在短期能带来环境的改变（Viegas，2001；Lee et al.，2005），但是长期的效果并不明显（Tovar，1995；Davis，2008），甚至有学者指出，限行政策导致出行者购买额外的汽车，但是第二辆车往往更加老旧，因此会对空气带来更多的污染（Eskeland and Feyzioglu，1995）。

　　从成本—收益的角度层面来评价，西方学者普遍认为限行政策所带来的成本要高于其带来的收益。Schmutzler（2011）认为限行政策依据私家车尾号进行监管，执行起来成本较低，但是该政策不仅没有缓解环境污染问题，反而增加被限行私家车主的出行成本，加剧环境污染问题。

第六节　绿色消费类环保行为研究的分析

　　Stern（2000）将绿色产品界定为：在生产过程中考虑到对环境影响的产品，例如使用了可回收、可降解的材质，又如采用了无污染的种植方式等。绿色产品和节能类产品主要存在以下差异：第一，绿色产品强调的是产品生产的过程，也就是产品本身对于环境的影响，换言之，只要这个产品被生产出来，其对环境的影响就会产生；节能产品则更关注产品使用过程中所带来的效果，换言之，如果人们不使用这个产品，对环境的影响就不会产生。第二，绿色产品的产品价格往往存在溢价的情况，即人们需要支付更高的成本来购买绿色产品。第三，绿色产品并不会在未来给人们带来成本的节约。第四，绿色产品有时可能给人们带来额外的福利，如更加健康的食品、更加安全的用品等。西方学者关于绿色产品的购买行为研究，多是通过问卷调查和实验室实验的方法来完成的，仅有少数学者使用了面板数据进行研究（Juhl et al. ，2017）。

　　从性别的角度，学者们发现：相比男性，女性更愿意购买绿色产品（Davidson and Freudenburg，1996；Lee and Holden，1999；Cottrell，2003）。有些学者将此归结为男性和女性的个性差异，如女性更加亲社会、利他和具有同情心（（Dietz et al. 2002；Lee and Holden，1999）；也有学者认为这是由于女性更加关注未来（Eisler and Eisler，1994），尤其当家里有孩子时，女性更加关注健康和安全（Davidson and Freudenburg，1996）；最新研究成果则认为，这是源于人们对于购买绿色产品的群体持有一定的刻板印象，认为绿色产品与女性化挂钩，因此男性为了避免自己给别人留下女性化印象而抵触购买绿色产品（Brough et al. ，2016）。

　　从个体的视角，个人所拥有的环境知识（Grunert，1993；Rokicka，2002）、个体之间的环境知识分享（Cervellon and Wernerfelt，2012）、个体持有的环境态度（Milfontand and Duckitt，2004；Follows and Jobber，2000）、利他主义价值观（Stern et al. ，1993；Mostafa，2006；Barber et al. ，2012）等都

对他们的绿色消费行为具有正向影响。此外，消费者对于绿色产品的感知价值（Mostafa，2006）和消费者的绿色自我身份构建，即认为自己是绿色消费者的身份构建（Shaw and Shiu，2003；Whitmarsh and O'Neill，2010；Johe and Bhullar，2016），也是消费者购买绿色产品，如绿色有机食品、绿色纸质产品等的重要前因变量。

部分西方学者从价格的视角入手，分析人们对于绿色产品的价格接受程度（Michel Laroche，2001）。研究发现，人们愿意为绿色产品支付溢价（Laroche et al.，2001），但是人们愿意支付的溢价高低与人们对绿色产品的感知风险密切相关（Essoussi and Linton，2010），此外，人们愿意支付的价格与实际支付的价格之间存在较大差距（Barber et al.，2012）。虽然绿色产品经常溢价出售，但是 Gneezy 等（2012）指出，成本较高的道德行为有可能提升个体在其他场合开展具有道德的行为。换言之，人们对于绿色产品的购买行为会影响到他们未来对绿色产品的购买（Juhl et al.，2017），甚至影响到他们开展其他方面的环保行为。

从信息加工视角入手对绿色消费行为进行的分析在西方研究中比较常见。信息可以分成正面的信息（即选择绿色产品会带来哪些好处）和负面的信息（即没有选择绿色产品会带来哪些坏处），两种信息对绿色产品购买意愿的作用都曾被西方学者验证。Pelsmacker 等（2005）发现，咖啡上的环保商标以及包装上的额外环保信息能提升消费者对咖啡的购买意愿。D'Souza 等（2006）则指出，红酒商标上所传递的有效、详细的环境和产品信息能提升消费者对红酒的购买意愿。信息还可以分成坚决强制类信息（如我们必须购买绿色产品）和非坚决、非强制类信息（如我们可以购买环保瓶装产品），如果消费者意识到环境问题的重要性，那么坚决强制类信息会更加有效（Kronorod et al.，2012）。

第七节 旧物处置类环保行为研究的阐述

回收是消费者对于使用过的产品的处置方式之一。目前，围绕回收行为的研究通常包括两个方面：其一，消费者主动延长旧产品的使用寿命，循环使用旧产品，如将大人的旧衣改制成小朋友的旧衣继续穿着，或将旧衣赠予他人；其二，消费者主动将使用过的产品放置在专门的回收箱或者交予专门的回收机构，使旧产品进入回收渠道，得到专业的处理。第二种回收行为的特点是：消费者需要将旧产品整理好后，送到专门的旧产品回收渠道。所以相比直接将旧产品丢弃，这种回收行为需要消费者付出额外的资源，如时间、空间、金钱和精力（Horniket al.，1995；McCarty and Shrum，2001）。关于回收行为给人们带来的影响，学者们始终存在争论。有学者指出，回收行为会减少人们由于浪费资源而产生的负面情绪，进而使用更多的资源（Sun and Trudel，2017）。尽管如此，多数学者还是认为回收行为作为一种环保行为，能为环境的改善带来帮助。

一、回收行为的影响因素

Hornik 等（1995）梳理了有关回收行为的实证研究，将回收行为的影响因素分成五个方面：人口统计变量、内部刺激因素、内部协调因素、外部刺激因素和外部协调因素。未来学者的研究，也多是围绕这五个方面开展的。

（1）人口统计变量。即从消费者的个人特征出发，探究不同消费群体的回收行为。数据基本上都是通过问卷调查的方式来获取的。目前的研究发现，消费者的性别、年龄、收入、教育背景、婚姻状态等都会对消费者的回收行为产生影响，但是学者们的研究结论并不统一，尤其在性别和收入的影响上存在分歧（Oztekin，2017）。

（2）内部刺激因素。目前，有关内部刺激因素方面的研究主要遵循了规范激活理论（Schwartz，1973）和计划行为理论（Ajzen，1991）。基于这两个理论的研究，多是通过问卷调查的方式来获取数据，之后通过结构方程来验证成熟的理论框架。基于规范激活理论的研究，强调了个人规范的激活对于回收行为的促进作用（Vining and Ebreo，1992；Zhang et al.，2017）；计划行为理论是目前应用最为广泛的理论研究，基本的研究结论是：消费者对于回收的态度、主观规范和行为控制对其回收行为具有显著的影响（Schultz and

Oskamp，1996；White and Hyde，2012；Greaves et al.，2013；Rhodes et al.，2015；Stancu et al.，216；Wang et al.，2016；Oztekin，2017）。

（3）内部调节因素。内部调节因素主要包括个体本身持有的价值观（Schwartz，1994）、节约意识、环境态度、回收知识等对个体回收行为的影响。价值观理论的研究结果显示，相比个人主义价值观，持有集体主义价值观的消费者会更加倾向于回收行为的开展（McCarty and Shrum，2001）。Schultz 和 Oskamp（1996）基于计划行为理论，研究了消费者本身的态度对其参与回收行为的影响，该理论也奠定了回收行为的研究基础。回收知识作为重要的内部协调因素，也被国外学者纳入回收行为的研究框架中（Walter，2008；Koukouvinos，2012；Stall-Meadows and Goudeau，2012）。Simmons 和 Widmar（1990）指出，那些持有积极的环保态度的人，往往因为缺少产品知识而没有开展回收行为。

（4）外部刺激因素。外部的刺激因素包括宣传信息、奖励机制、社会影响和法规政策等。这方面的研究多是通过实验室实验和田野实验的方法来获取数据的。学者们发现，不同的信息结构设计和信息内容涉及都能对回收行为带来差异化的影响（Lord，1994；Goldstein et al.，2008；White，2011；Smith et al，2012）。奖励机制和教育对回收行为的影响也都是显著的（Welfens，2016）。此外，社会规范和群体压力同样能提升人们的回收动机（Granzin and Olsen，1991；Lord，1994；Taylor and Todd，1995）。此外，承诺以及承诺的可视化也能有效地促进人们对于酒店毛巾的回收行为（Baca-motes et al.，2013）。

（5）外部调节因素。外部调节因素是指消费者为了参与回收项目而付出的额外资源，如用于准备、存储和运输可回收产品的时间、空间、金钱和精力。这些外部协调因素也有可能会转化为外部的壁垒，阻碍消费者参与回收行为（Jacobs and Crews，1984；Curlee，1986；Vining and Ebreo，1990；Birthwistle and Moor，2007）。此外，回收设施的便利性对于回收行为也有显著的影响，如街边的回收活动能够将人们的参与度提升 80% ~ 90%（Glenn and Riggle，1990；Fuller and Allen，1992）。

通过上述分析可以发现，在 Hornik 等（1995）总结的回收行为的影响因素中，没有提及回收产品本身的影响。这主要是因为当时的研究多将回收行为作为统一的行为来看待，忽视了回收产品类别的差异。近几年，少数学者开始关注产品本身对于回收行为的影响。例如，Trudel 和 Argo 于 2013 年发表在营销领域的顶级期刊 "Journal of Consumer Research" 上的文章中就指出，食品包装的尺寸和使用后的状态会影响消费者的回收行为。2016 年，Trudel 等首次提出，人们对于不同产品的回收意愿会有不同，人们更愿意回收那些与自己的身份（identity）有紧密的联系的产品。

二、不同产品类型的回收行为研究

根据产品类别的不同，回收行为包括对生活垃圾、食品包装、电子废弃物、纸张类废弃物、衣物类废弃物、电池等产品的回收。表 1－2 总结了各种产品类型的回收行为的主要研究结论。从表 1－2 中可以看出，目前有关不同产品类型的回收行为的对比研究存在缺口，大多数研究是从某一特定类别的产品回收行为入手的，也有部分研究将回收行为视为一个整体来分析。

表 1－2　　　　各种产品类型的回收行为的主要研究结论汇总

序号	回收产品类别	有关消费者回收行为研究的结论
1	电子废弃物	（1）人口统计变量和个人回收习惯对回收行为具有影响（Tonglet et al.，2004）
		（2）计划行为理论的应用，即消费者的态度、主观规范和感知的行为控制都会对回收行为带来影响（Wang et al.，2016）
		（3）经济奖励、教育和宣传信息能够促进公众开展回收行为（Wang et al.，2011；Dwivedy and Mittal，2013；Welfens et al.，2016）
		（4）回收的公共设施和管理系统对公众参与电子废弃物回收行为的影响（Wang et al.，2011；Bouvier and Wagner，2011；An et al.，2015；Zhang et al.，2016）
2	食品包装（包括塑料瓶等）	（1）优惠券对铝制包装的回收行为具有显著影响（Allen，Davis and Soskin，1993）
		（2）食品包装的尺寸和使用后的状态会影响消费者的回收行为（Trudel and Argo，2013）

续表

序号	回收产品类别	有关消费者回收行为研究的结论
3	生活垃圾	（1）计划行为理论的应用，主要关注消费者的垃圾分类态度和意识对行为的影响（Chu et al.，2003；Tonglet et al.，2004；Chen and Tung，2009；White & Hyde，2012）
		（2）消费者习惯和过去的回收行为对垃圾分类行为的影响（Knussen et al.，2004）
		（3）消费者的回收知识与回收行为之间具有影响关系（De et al.，2010）
		（4）信息干预和经济奖励对垃圾回收行为的影响（Burgess et al.，1971；Clark et al.，1972；Lord et al.，1994；Barr et al.，2005；Yepsen，2007；Alvare et al.，2008）
4	纸张废弃物	（1）损失类（获得类）信息与具体（抽象）的思维构建能够带来积极的回收行为（White et al.，2011）
		（2）消费者所拥有的环境知识水平和其最终的环保行为之间存在正向相关的关系（Stewart Barr，2007）
		（3）信息和奖励对旧纸回收行为具有显著影响（Luyben and Bailey，1979；Iyer et al.，2007）
		（4）计划行为理论的应用，关注消费者的态度和行为控制对纸张类废弃物的回收行为（Bolder，1995；Cheung et al.，1999；Greaves et al.，2013）
5	衣物类废弃物	（1）个体、环境因素、者对旧衣回收渠道的熟悉程度以及渠道的便捷性都会对消费者的旧衣回收行为造成影响（Koch and Domina，1997；Domina and Koch，1999；Birthwistle and Moor，2007；Albinsson and Perera，2009）
		（2）消费者普遍缺乏旧衣回收的相关知识，因此教育类的宣传活动有助于推动未来的旧衣回收行为（Stall-Meadow and Goudeau，2012）
		（3）旧衣回收中孩子的衣服占比要高于成人的衣服（Sego，2010）
6	电池	（1）回收知识和不参与回收的理由等与回收行为有密切联系（Hansmann，2006）

续表

序号	回收产品类别	有关消费者回收行为研究的结论
7	其他或综合类	（1）人口统计变量、消费者的价值观、态度、过去的回收行为对回收行为的影响（Wan et al.，2015）
		（2）消费者的政策有效性感知对于回收行为的影响（Wan et al.，2015）
		（3）消费的回收意愿与产品和消费者的身份联系密切相关（Trudel et al.，2016）

第八节　西方消费者环保行为的特征

一、消费者环保行为发展阶段

基于过去学者对于消费者环保行为的研究和我们对于消费者环保行为的探索和分析，我们认为一个消费者从刚开始接触环保行为到将环保行为转变为一种日常习惯，需要经历五个阶段的变化：接触期、起步期、上升期、成熟期和习惯期。以下将分别介绍这五个阶段。

第一个阶段是接触期。这个阶段的消费者实现的是从无到有的过程，他们刚刚接触或刚开展环保行为。这类消费者的环境知识水平很低，环保意识也比较单薄，他们会开展环保行为，主要是因为一些外在的利益刺激，如降低成本、获得经济补贴等。他们开展环保行为的频率很低，只会在享受利益的某个方面开展环保行为。处于接触期的消费者大多数不认为自己的行为就是环保行为，他们更多将其视为一种节约行为。

第二个阶段是起步期。起步期的消费者会通过一些媒体渠道而被动获得少许有关环境保护的信息，如手机上看到公益广告宣传，但是大多数时候，他们都不会仔细阅读这些相关的广告或文章，只会一带而过。他们的环境保护意识有所增强，会意识到环境存在一定的问题，需要人们努力去改善这些问题。但是起步期的消费者不太相信个人的努力会带来环境的改变，他们更多的是期待政府、组织、企业做出一些努力。所以他们并不会主动去开展环保行为，更不愿意为环保行为付出一定的时间和精力。他们与环境保护相关的行为，基本上属于"不主动破坏"的环保行为，如不会随地吐痰、不会乱扔垃圾、不浪费自来水等。

第三个阶段是上升期。上升期的消费者的环境知识水平和环境意识都有所提升，他们会被动获取一些有关环境问题和环境保护的文章，但是看到时还是会认真阅读，他们也会主动开展一些简单的环保行为，只要这些行为不会涉及太多的时间和精力的投入，不需要支付额外的经济成本，属于举手之劳的行为。同时，他们开展这些行为是希望能为环境做出自己的贡献。例如，在朋友圈转发环境保护方面的文章；在晴天选择步行或骑自行车出行，来代替机动车出行；在"地球一小时"这样的活动倡导下，在特定的时间关灯 1 小时；将旧电池、旧衣等物品放在楼下的回收箱里。处于上升期的消费者希望他人能看到自己的环保行为，因为他们认为环境保护是一种符合潮流的行为，可以彰显自己的环境态度。所以这个阶段的消费者在开展环保行为时也存在部分的炫耀成分，他们经常会在社交媒体分享自己开展环保行为的照片，并期望获得点赞。

第四个阶段是成熟期。成熟期的消费者的环境知识水平和环境意识都有明显的提升，他们能清楚地讲出目前环境存在的问题以及人们能从哪些方面改善这些问题。成熟期的消费者经常会特别努力地面对环境保护，他们会认为环境保护是一种社会认可的行为，是公民应该履行的义务。他们中大多数人都将环境保护视为一种责任，是自己必须要去做的事情。因此，他们愿意在自己能力所及的范围内，为环境保护做出自己的贡献。例如，他们会愿意花时间将垃圾仔细分类；收入较高的消费者也愿意为环境保护支付溢价，成为环境保护方面的科技尝新者，用自己的努力推动科技在环保方面的进步。

第五个阶段是习惯期。习惯期的消费者在环境知识水平和环境意识方面都非常成熟。他们能自然地面对环境问题和环境保护行为，他们将环境保护行为视为一种日常行为，是他们日常生活的一部分。换言之，这类消费者已经形成了绿色生活方式，他们不会特意为环境保护做什么事情，因为他们日常的每个行为都会考虑到对环境的影响。他们会自然而然地随手关灯；进行垃圾分类和旧物回收；他们会在大多数时选择绿色出行；在购买产品时，首选节能家电、有绿色环保标的绿色产品；在可承受的范围内购买新能源汽车。他们不会特意与他人分享自己的环保行为，因为他们认为这种行为就与我们平日喝水、吃饭一样，是再平常不过的行为，不需要过多的宣扬。

需要注意的是，每个阶段的消费者都会包含前一个阶段消费者在环保行为方面的特征，同时又会具有一些新的行为特征。每个阶段向下一个阶段的过渡时间并不相同，有些过渡相对简单，如从接触期向起步期的过渡，但是有些过渡则比较艰难，如从上升期向成熟期的过渡以及从成熟期向习惯期的过渡。外在和内在的因素都会推动着消费者从接触阶段向最终的习惯阶段发展，而这些影响因素就是我们每个从事消费者环保行为研究的学者需要探索的事情。

二、西方消费者环保行为分析

通过对西方消费者环保行为相关文献的梳理和总结，我们发现西方消费者的环保行为处于成熟期向习惯期过渡的阶段。具体来说，西方消费者的环保行为具有以下几个方面的特点。

首先，西方消费者经过了近 50 年的环境知识灌输和熏陶，对于目前世界上存在的环境问题、环境问题导致的原因以及人们能开展的行为，都有比较清楚的认识。他们中大多数人相信个人努力能带来环境的改变，同时他们也知道如何通过自己的努力来为环境做出贡献。西方国家的父辈会主动将环境知识传输给子辈，形成了环境知识在家庭内部的良好传输通道，保证了环境知识和环境意识的顺畅流通。

其次，随着人们环境知识的提升和媒体宣传的导向，环境保护行为已经在西方成为一种社会规范。大多数消费者将环保行为视为一种责任，一种必须要去开展的行为。同时，西方的环境保护基础设施比较发达，如丰富的公共交通设施、良好的自行车道和人行道设计、便捷的旧衣旧物回收点、明显的垃圾分类垃圾桶等。这些基础设施都保证了人们可以在尽量不牺牲自己舒适度的情况下开展环保行为，让人们能比较方便地将环保行为融入自己的生活。

再次，西方消费者在个体方面所面对的最大的环境问题，还是资源浪费的问题。西方消费者已经习惯了对资源的挥霍和浪费，如在夏天将空调的温度调到很低、购买大量的衣物等。甚至有学者发现，回收行为有时会反过来促进人们对衣物的购买（Sun and Trudel，2017）。目前，西方政府所做的努力，旨在通过改善基础设施来改善环境，如大楼建筑采用能保温的外墙材料，这样就能从一定程度上控制人们对空调温度的设置。这些努力的确能给环境带来变化，但是这些设施会不会从根本上改变人们在资源浪费方面的习惯，这些是西方学者在未来需要探讨的问题。

最后，西方消费者的环保行为不仅仅局限在个人环保行为领域，他们还会开展激进的环保行为，如示威游行，但是这种行为是否真的能带来显著的效果，还有待考证。此外，他们也会开展一些公共领域的非激进行为，如加入环保组织或者为环保组织捐款。但是西方学者对于这类行为的研究也相对较少，需要在未来进行更加深入的探索。

第二章　中国式环保行为特征分析

第一节　中国学者相关研究论述

中国学者对于环保行为的研究始于 20 世纪末。1998 年，中国遇到了罕见的自然灾害，从洪水到地震，中国民众第一次深刻意识到环境问题与我们每个人息息相关。近 10 年，雾霾又成为每个中国人都难以绕开的话题，环境问题一次次触动中国人的内心，同时也不断引起中国政府的关注。近几年，中国政府对于改善环境的决心愈发坚定，对于治理环境的投入不断加大，对于培养中国公众绿色生活方式的举措层出不穷。在这种趋势下，也有越来越多的中国企业开始关注环境问题，他们通过举办各种环保活动或者研发环保产品来为中国的环境保护贡献自己的力量。放眼中国学者在相关领域的研究，主要集中在以下三个方面（研究汇总参见表 2－1）。

（1）环保型产品的消费者的生活方式特征、观念的探究：国内对于环保型产品消费行为的研究，是从人口统计变量和消费者特征的分析开始的，例如，何志毅（2004）通过实证研究发现，教育水平较高的青年群体里可能成为绿色消费者的比例较高，女性比男性更倾向绿色消费。同时他还指出，绿色消费者的特征为：引导消费潮流的意见领导者；重视与他人之间的口头交流；愿意尝试新产品却不是冲动消费者；对价格挺敏感，但是消费比较理性，愿意付出更高的价格进行绿色消费；相比电视广播等媒体，他们更加接受杂志等书面媒体。此外，还有许多学者都对环保型产品消费者的生活方式特征、消费观念等进行过分析（司林胜，2002；谭婧，2006；张婷、吴秀敏，2010；

徐蓓，2011；宋亚非、于倩楠，2012）。

（2）环保行为（绿色消费行为）的前因变量研究：在针对环保型产品（绿色）消费行为的前因变量探究方面，从感知价值和感知风险角度出发的研究较多（杨晓燕，2006；赵冬梅、纪淑娴，2010；陈洁、王方华，2012；苏淞等，2013），同时产品认知和环境认知也是经常用以分析的前因变量（于伟，2009；张连刚，2010；龚继红、孙剑，2012）；在分析消费者的绿色消费动机方面，少数学者提出了"炫耀性绿色消费"的概念（周培勤，2012），认为许多消费者购买环保型产品是为了体现自己的身份和地位，这个动机在环保型汽车的购买意愿方面体现得较为明显；少数学者在探究前因变量时，将国外的成熟理论，如VBN理论、规范激活理论和计划行为理论引入中国特殊情境下进行讨论和运用（黄小乐，2010；杨智，2010；陈凯，2013）。

（3）中国绿色消费的问题和对策的探讨：此外，少数学者针对中国消费者对于环保型产品消费意愿不强的问题进行了探讨和分析，指出企业的供给约束、消费者约束和现有的宏观经济体制等诸多因素成为阻碍绿色消费普及的主要原因（林锟、陈辉云，2007），并针对问题给出相应的建议：要推广绿色消费，实现我国的可持续发展，国家必须发挥宏观调控的职能，建立健全市场秩序和法律规范；企业必须进行生产转型，开发绿色产品；消费者要增强绿色消费观念，改变传统的消费模式和理念；消费者协会应该以保护消费者权益为根本，加大对假冒伪劣绿色产品的检查，维护绿色产品市场的有序发展。

表 2 - 1 　　　　　　　　　国内有关环保行为研究一览表

作者	年份	研究分类	具体研究内容
黄小乐	2009	运用国外成熟模型	对环保行为的概念、类型、相关理论，其中包括VBN理论、规范激活理论和计划行为理论的阐述
黄小乐、姜志坚	2010		研究VBN模型对中国高校环保教育的启示
杨智、董学兵	2010		研究VBN模型、计划行为理论对中国绿色消费行为意向的影响
陈凯、郭芬、赵占波	2013		运用计划行为理论，同时引入认知过程和情感过程来分析它们对于消费者绿色消费行为的影响

续表

作者	年份	研究分类	具体研究内容
杨晓燕等	2006	环保行为的其他前因变量	研究绿色感知价值对于环保型产品消费行为的影响
于伟	2009		研究群体压力和环境认知对环保型消费行为的影响
潘煜	2009		中国传统价值观和顾客感知价值对绿色消费行为的影响
张连刚	2010		研究绿色产品认知、环境认知水平、政府环境监管等对绿色购买动机的影响
周培勤	2012		提出炫耀性绿色消费的概念
龚继红、孙剑	2012		基于传统的消费行为模式来分析绿色信息和绿色观念对绿色消费行为的影响
司林胜	2002	环保型产品消费者的生活方式特征、消费观念	分析中国消费者的绿色消费观念和行为
何志毅、杨少群	2004		绿色消费者的人口统计变量描述和生活方式特征分析
谭婧	2006		生活方式特征对于绿色购买行为的影响
张婷、吴秀敏	2010		绿色消费者的人口统计变量的描述性分析
徐蓓	2011		低碳经济下中产阶级的消费观念
宋亚非、于倩楠	2012	环保型产品消费者的生活方式特征、消费观念	消费者特征和产品认知对环保型产品购买行为的影响
林锟、陈辉云	2007	中国绿色消费的问题和对策	分析我国绿色消费的阻碍因素和相应对策
清华	2011		剖析了当前我国绿色消费存在的问题及其推行绿色消费的对策建议

第二节　中西方学者的研究对比

对比中国学者和西方学者关于消费者环保行为的现有研究可以发现，中国学者在这个领域的研究还处于起步阶段，与西方学者在研究的基础理论、研究视角、研究内容、研究方法和研究结论方面都存在一定的差异。以下将具体分析几方面的差异。

第一，在研究基础理论方面，西方学者选择的理论比较丰富，包括计划行为理论、价值观理论、VBN理论、规范激活理论和新生态范式理论等。但是目前，中国学者关于环保行为的研究，主要是从计划理论出发的，少数学者运用了价值观理论和规范激活理论。理论运用的局限性，一定程度上限制了中国学者在研究深度和研究广度方面的拓展。

第二，在研究视角方面，西方学者的研究经历了由内到外、再由外到内的反复探索过程，对于消费者内在心理因素、消费者特征的探索比较丰富，对于外在刺激或调节因素的研究也在逐渐增多。西方学者能灵活地将外在因素与内部因素结合在一起，进而探索消费者环保行为的整体作用机制。但是目前，中国学者关于消费者环保行为的切入点还多停留在内部探索阶段，更多的是分析消费者的人口统计变量、价值观、态度等对于消费者环保行为的影响。缺少外在影响因素的分析，同时自然也缺少整体作用机制的构建。

第三，在研究内容方面，西方学者对于消费者环保行为的分析比较聚焦。他们会将消费者环保行为进行分类，并关注某个细分领域。例如，西方学者关于回收行为的研究会围绕某个具体的回收行为——生活垃圾、食品包装、电子废弃物、纸张类废弃物、衣物类废弃物、电池等产品的回收——来展开。但是，中国学者的研究内容更多的是从整体上进行分析和概括的，缺少对各个细分领域的深入探索。

第四，在研究方法方面，西方学者对于消费者环保行为的研究始于面板数据、访谈类质性研究和调查问卷分析。但是近几年，随着研究的不断细化，实地实验和实验室实验成为主流的分析方法。这种方法能获取消费者实际的行为数据，实现从意愿到行为之间的过渡，解决了"环保意愿和环保行为之间存在较大差异，环保意愿难以代替环保行为"的问题。中国学者目前有关消费者环保行为的研究多采用调查问卷的方式。这种方式能快速获取大量样本，但是难以获得实际的行为数据。可以预料，未来将有越来越多的中国学者开始选择实验室实验和实地实验的方式来研究消费者环保行为。

第五，在研究结论方面。目前中国学者在消费者环保行为方面的研究结论多是西方研究结论的延伸。换言之，多是通过中国消费者的样本验证了国外学者的研究结论在中国依然适用，缺少具有中国特色的研究结论。目前，仅有少数学者发现，中国传统的道家文化、集体主义价值观等能影响消费者的环保行为。未来，中国学者将在消费者环保行为领域加强对于中国特色的影响因素、研究结论的探索。

第三节　中西方消费者环保行为对比

对比中国和西方消费者环保行为，我们发现两者在以下四个方面存在差异。

第一，勤俭节约一直是中华民族的传统美德。因此，中国消费者从小就被教育要勤俭节约，节约是一种与生俱来的个人规范和由始至终的社会规范。因此，对比西方消费者习惯性的资源浪费行为，中国消费者拥有习惯性的资源节约行为。因此，虽然中国消费者的环保行为起步较晚，但是在节约方面的基础非常坚固，在这方面，中国政府需要做的只是将勤俭节约与环境保护之间构建紧密的桥梁即可，并不需要像西方政府那样，需要花费很大的精力来营造这种节约资源的社会规范。

第二，相比西方消费者的环保行为，中国消费者的环保行为在较大程度上受到了客观因素的制约。例如，骑自行车出行的环境不够安全、电池回收点稀少难找、垃圾回收箱设置不清等。换言之，一位环境知识水平较高、环保意识较好的消费者，可能在中国不会开展环保行为，但是会在西方开展环保行为，这背后的原因就是客观条件的差异。同样，一位中国消费者和一位西方消费者开展同样的环保行为时，中国消费者所拥有的环境知识和环境意识可能远高于西方消费者。因此，在现有客观条件维持不变的情况下，促使中国消费者开展环保行为需要更多的推动力和刺激因素，需要更多的环境知识传递和环境意识的提升。

第三，相比西方消费者的环保行为，中国消费者的环保行为更加理性。中国消费者很少会开展与环境保护相关的游行活动，绝大多数消费者也不会给环保组织捐款或付出精力。中国消费者在环保行为方面的努力多为"润物细无声"的动作。他们会从点滴小事出发、从与自己利益息息相关的事情出发来开展环保行为，如采用公共交通出行。因此，相比大张旗鼓的环境保护项目，中国消费者可能更加倾向于参加一些社区化的小型环保活动。

第四，西方社会已经将环保行为视为一种社会规范，社会中的大多数人都认为环境保护是一种责任和义务，因此人们会指责那些破坏环境，或者不履行环境保护行为的个人和企业。在这种社会环境中，有些消费者会因为害怕受到指责而开展环保行为。但是在中国，目前环保行为并没有形成一种社会规范。也就是说，大多数中国消费者并不认为环境保护是必须要做的事情。相反，更多消费者是将其视为一种潮流。因此，个人或者企业多数情况下不会因为没有履行环境保护责任而受到谴责，但是如果个人或企业开展了环保行为，会受到赞许或者肯定，因为他们的行为与潮流达成一致。

第四节　中国式环保行为的特征总结

本书在第一章中曾指出，消费者的环保行为需要经历接触期、起步期、上升期、成熟期和习惯期这五个阶段的变化。我们认为，中国式环保行为涵盖了起步期、上升期和成熟期三个阶段。具体而言，我们将中国式环保行为的特征概括为以下 5 个方面。

一、区域差异性大

中国式环保行为的第一个特征是区域差异性大。中国是一个地域广阔的国家，不同区域的消费者环保行为具有较大的差异。这种差异主要是由三个因素导致的。

首先，不同区域的环保基础设施建设的程度不同，例如，很多一线城市的公共交通系统比较成熟和便捷，城市中机动车出行的可替代性很强，有多种出行方式供市民选择。在这种情况下，人们开展绿色出行所要牺牲的舒适度和付出的成本就相对较少。同样，一些沿海城市在社区里设立了大量的旧衣回收箱，居民在楼下就可以将旧衣放置到回收箱，节约了人们为旧衣回收付出的时间，为人们的环保行为提供了方便。但是，很多三线城市，人们很难找到旧衣回收的渠道，自然难以开展旧衣回收活动。

其次，不同区域的环境知识和环境意识水平不同。无论西方学者还是中国学者，都曾经在研究中指出，环境知识和环境意识与人们的环保行为之间具有紧密的联系。环境知识和环保意识的提升，能显著提升人们的环保行为。目前，中国的一线、二线城市的教育覆盖面都相对较广，教育的形式和渠道也很多样，人们可以选择不同的途径来完成学习。学习的增强，自然有助于环境知识以及环境意识的提升。另外，相对于三四线城市，中国一线和二线城市的环境问题宣传力度也比较大。人们能通过多种渠道了解到各种与环境相关的知识，这也在一定程度上促进了人们的环境知识的获取。

最后，不同区域的收入水平不同。不同的收入水平，导致人们对于成本的敏感程度不同。当人们收入较高时，人们在开展环保行为时会较少考虑经济或者利益因素。相反，当人们收入较低时，经济利益能成为人们开展环保行为的主要刺激因素。例如，我们在第七章将要介绍的旧衣回收活动，北京受访者和宁波受访者对于旧衣活动的奖励机制的预期和实际的反应都不相同，经济奖励对于宁波受访者的影响效果更加显著。由于中国消费者的收入水平在区域之间的差异性较大，也导致了人们的环保行为之间的差异很大。

从消费者环保行为的阶段来看，不同城市的消费者的环保行为也处于不同的阶段。在一线和二线城市，消费者环保行为整体处于上升期向成熟期过渡的阶段，甚至有的一线城市的消费者已经进入了成熟期。他们具有较高的环境保护意识，认为环保行为是人们的责任和义务。因此，很多企业的环保项目都选择在一线城市率先开展，也是因为这些城市的消费者对于环保项目的接受程度比较高。但是，在三线、四线城市，消费者环保行为还处于起步期向上升期过渡的阶段。人们的环境意识和环境知识都有待提升，很多消费者可能刚刚意识到，个人的一些日常行为会给环境带来影响。所以他们对于环保项目的接受程度较低，不愿意为环保支付额外的时间、金钱或者精力，更不愿意为了环保而改变原来的生活方式或者习惯，只能进行一些简单的、毫不费力的环保行为。

二、偶然性较多

偶然性是中国式环保行为的第二个特征。中国消费者的环保行为往往都是非计划性的，都是正好遇见一些契机，于是就开展了环保行为。这种偶然性的行为会随时随地发生，但却缺少持久性，难以一直维持下去。此外，人们参加这种环保行为也会受到自己最近的心情、情绪、状态等原因的影响。例如，小区在换季期间内举办旧衣回收活动，消费者如果最近正好整理了一些旧衣不想要，可能就会把它们放到楼下的回收箱内。但是，如果某个人最近情绪低落，也有可能继续把旧衣放入衣橱内，不想参与活动。等到小区的旧衣回收活动结束后，人们可能又会如往常一样，将旧衣放在衣橱里，不再继续整理旧衣放入回收箱。同样，有些消费者可能正好在手机看到某个环保项目募捐的文章，又正好被该文章感动，所以就点击捐款。但是，这个行为结束之后，他可能还是继续往常的生活，他的行为并不会发生改变，在未来再次看到其他环保类项目的募捐活动时，依然不会捐款。

中国消费者环保行为的偶然性，一方面，说明中国消费者的环保行为还具有很大的提升空间，从偶然性到习惯性的过程是漫长而艰辛的，因为消费者在这个过程中可能要经历环保意识和观念的转变；经历生活方式的调整；经历时间和成本的增加，所以培养中国消费者拥有绿色生活方式是一个需要花费大量的时间和精力的过程，需要几代人一起努力来完成。另一方面，偶然性也说明政府和企业在促使中国消费者开展环保行为方面有很多可以做的事情，且每次努力都能看到显著的效果。例如，上述的社区内的旧衣回收项目虽然是一次活动，但是如果社区能把这个活动的时间无限延长，或者在活动结束后在社区内设立多个明显的旧衣回收箱，那么社区居民在经过多次偶然的环保行为之中，可能就会将这种环保行为变成习惯。同样，如上述的捐款行为，如果组织在募捐结束后，能给每一位募捐的参与者发一封感谢信，感谢他们为环境做出的贡献并告知他所捐的款项能为环境带来怎样的改善，以及在实际运营中都发挥了哪些作用，那么参与者就可能将多次"偶然地"参与环保项目募捐活动，最终将这种偶然行为变成习惯。

三、外显性较高

中国式环保行为的第三个特征是具有较高的外显性。如前所述，中国很多城市的消费者的环保行为还处于上升期阶段，即他们将环保行为视为一种潮流，一种态度的表达。因此，他们希望自己的环保行为被他人看到，希望别人可以将他们归类为思想先进、与时俱进、热爱生活的群体，而环保行为正是他们实现这一目标的途径。因此，过去很多中国学者也发现，人们更喜欢购买那些外显性的绿色产品，如环保书包、环保服装等。同样，一辆特斯拉可能比奔驰 S 级更"拉风"，虽然他们价格区间基本一致，但是前者更能彰显一种态度和潮流。此外，人们或许更喜欢在组织中为环保项目捐款，而不是在手机上点击捐款，因为前者能被他人看到。

外显性较高的特征是由于消费者环保行为所处的时期所决定的。这一特征在某种程度上会促进中国社会的环保规范的形成。因为，当有越来越多的人看到其他人都在开展环保行为时，那么会逐渐认为环保行为就是一种规范，是一件人人都应该去做的事情。虽然，有些人开展环保行为的原因，并不是真的为了环保，但是在环境保护的事情上，结果往往比过程更加重要。此外，对于那些只是为了引起别人关注而开展环保行为的人来说，他们在体验环保产品的过程中，也会逐渐感受到环保所带来的好处，如电动汽车更加节约成本、绿色纸杯更加健康等。在这个过程中，他们对于环保的态度也会逐渐发生改变，最终从环保行为的上升期过渡到成熟期。

四、利益导向性强

中国式环保行为的第四个特征是利益导向性强。中国消费者开展环保行为的主要驱动力还是利益，这个利益可能是经济利益，也有可能是社会认可，或是其他方面，如健康、舒适、便捷等。总之，促使中国消费者开展环保行为的主要原因是：环保行为能给他们带来利益，尤其是面对一些从未开展过的环保行为，如自行车出行、电动汽车的购买、旧物回收等，利益价值最能引起消费者的关注。

利益导向性一方面是由于消费者所拥有的环境知识和环境意识所导致的。当人们的环境知识水平较低时，他们难以将一些行为与环境保护联系起来。例如，我们在第四章中将提及，很多消费者购买电动汽车是为了应对政策（如不限号、不限行等），并不是因为环保才购买电动汽车，他们中的部分消费者甚至并不认为，机动汽车会给环境带来太大的影响。同样，有些消费者选择有机食品，是因为有助于身体的健康，但是他们可能无法清楚讲述，与有机食品相比，非有机食品在种植的过程中会给环境带来什么影响。另一方面，利益导向性是由于中国式环保行为的第二个特征所导致的：即偶然性多。当人们的环保行为更多的是偶然开展的行为时，人们对于这种行为的了解并不多，此时利益切入会让人们有更足够的理由来开展这种行为。从认知心理学的角度来说，利益刺激也会减少人们在开展某种行为时的认知失调，因为他们可以将自己的这种行为归结为利益的导向。因此，目前中国大部分消费者的环保行为都还处于起步期和上升期的阶段，需要利益点的刺激来开展环保行为，这也正是政府和企业可以选择的切入点。

五、他人影响效果显著

中国式环保行为的第五个特征是他人影响效果显著。从第三章介绍的研究可以看到，他人在场能对消费者的环保行为带来显著的影响。"他人"的涵盖范围很广，包括家人、朋友、同事，甚至超市的营业员和路过的陌生人。在本书中介绍了各种"他人"的影响，结果发现，无论是"哪种"他人，都可能会影响到人们的环保行为。这个原因也要从消费者环保行为所处的阶段来分析。

第一，对于处于起步期的消费者来说，环保是一个非常陌生的话题。他们了解环保的基本知识、应该如何开展环保行为以及环保行为能对环境带来哪些改变。对于这些消费者，越是亲密的"他人"影响效果越是显著。例如，环保行为中的反向代际差异影响的研究中，儿童在学校学会的关于垃圾分类的知识会传递给父母，进而推动从未关注过垃圾分类的父母，也开始注意垃圾的分类。这就是家人之间的影响。再如，第四章关于电动车购买的研究中，妻子的电动汽车知识往往来自丈夫。因此，对于起步期的消费者来说，"他人"扮演的角色，更像是一位知识的传递者，"他人"将环境知识通过各种方式传递给处于起步期的消费者，帮助他们获取环境知识，实现环境意识的提升，并最终影响他们的环保行为。

第二，对于上升期的消费者来说，环保被他们视为是一种潮流。因此，他们需要"他人"的引领和指向，同时也需要"他人"的关注和认可。这个阶段的"他人"更多扮演了"参照群体"和"满足面子"的角色。所以这个阶段的消费者的环保行为主要会受到意见领袖和同龄人这两类"他人"的影响。意见领袖开展环保行为，能鼓舞那些渴望与之同步的消费者也开展类似的环保行为，因为这些消费者认为环保行为是一种潮流，而意见领袖的参与更让"环保潮流"深入人心，让处于上升期的消费者愿意积极地投入环保行为中。例如，很多企业或公益组织在开展环保项目时，会邀请明星参与，这些明星就是扮演了"参照群体"的作用。在他们亲历亲为的示范之下，更多粉丝将加入环保潮流中，参与环保活动。同时，对于非意见领袖来说，开展外显性的环保行为，能让同龄人看到自己的参与，进而对自己产生良好的、正面的评价。换言之，这些同龄人对自己的环保行为的评价和点赞满足了自己的"面子"需求。例如，公司里有一个人买了一辆电动汽车，可能很快就会有几个人也买电动汽车，因为人们希望其他人可以认同自己购买电动汽车的行为。

第三，对于成熟期的消费者来说，环境被他们视为是一种社会规范，是每个人必须要去做的事情。因此，"他人"在这个时期主要扮演的是"监督规范"的角色。环保行为成为一种社会规范，每个人都有义务来履行这一规范，同时也有义务来监督别人也履行规范。因此，处于成熟期的消费者的环保行为主要会受到陌生人的影响，这些陌生人可能是一个商店的销售人员；可能是和你一起在货架前挑选产品的顾客；也有可能是在垃圾箱前清洁卫生的扫地工人；这些人能监督你履行自己的环保行为，让你不好意思拒绝销售人员推荐的环保牙签；或是不好意思购买没有环保标志的红酒；或是不好意思将没有分类的垃圾丢入垃圾箱内。处于这个阶段的消费者，他们会对于自己没有履行环保义务而产生深深的自责或内疚，而"他人"的监督会加剧这种自责或内容。也正是在这些"不好意思"的推动下，成熟期的消费者才会逐渐进入习惯期。

第三章 绿色产品购买行为研究

第一节 研究简介

近几年，环保热潮席卷全球，许多企业都想搭上环保这趟快车，其中一个思路就是推出绿色产品。Stern（2000）将绿色产品界定为：在生产过程中考虑到对环境影响的产品，例如使用了可回收、可降解的材质，又如采用了无污染的种植方式等。具体来讲，绿色产品就是其包装使用的材料、产品本身使用的材质或者生产过程减少了对环境的污染。那么现在问题来了，如果一款产品本身使用的材料或者生产过程减少对环境的污染，如玉米材质的牙签，或者是有机食品，那么这些产品本身可以给消费者自身带来利益；换言之，消费者购买这些产品可能是环境保护导向的，也可以是利益导向的。本书第二章中，总结了中国式环保行为的五大特征，其中一点就是利益导向性。对于这种产品的宣传，企业只要更加强调能够带给消费者的利益即可。

对于第一类绿色产品，即绿色包装的产品，它们的产品本身并不会给消费者带来利益的增加，因此，企业的营销宣传点无法关注消费者利益这个部分，那么企业应该如何做营销宣传呢？相比另外两种绿色产品，这类绿色产品的宣传难度更加大。因此，本章从这一类绿色产品入手，探索当产品仅仅是选择了更加环保的包装时，企业应该如何进行营销宣传。具体来讲，哪些营销信息能够帮助企业提升消费者对这类采用绿色包装的产品的购买意愿。

目前，已经有很多企业推出了绿色包装的产品，可口可乐公司就是这方面的领导者。可口可乐公司采用的传统 PET 塑料瓶使用了石油等不可再生且储量有限的化石燃料，会造成一系列的负面环境影响。因此长期以来，可口可乐公司致力于研发一种可再生的、由植物材料制造的塑料瓶。2009 年，可口可乐公司推出了植物环保瓶包装，这是可口可乐公司在包装领域的一项革新突破，是全球首款含高达 30% 可再生植物原料且 100% 可回收利用的 PET 塑料瓶。2013 年，这款植物环保瓶™包装的产品在中国上市。与传统 PET 塑料瓶相比，它在重量、化学组成、性能或外观方面无任何差异，但对包括石油在内的多种不可再生能源的依赖度大大降低，对环境也更加友好。目前，可口可乐已在全球 25 个国家投放了 150 亿个植物环保瓶™包装，相当于减少了 26 万吨二氧化碳排放。可口可乐计划到 2020 年，所有 PET 塑料瓶饮料都将采用含植物环保瓶材料的包装。可口可乐现在正与伙伴们一起对用生物料生产 PET 的技术进行更深入的研发。如果成功，茎秆、树皮等植物废料将会变废为宝。可口可乐的最终目标是制造出可以实现 100% 以再生植物为原料、令所有人满意的包装瓶。

　　本章以可口可乐公司的植物环保瓶为原型，基于大量的理论研究和文献梳理，提出了环保型产品购买意愿的形成机理框架，并根据这个理论模型开展了 3 个实验室实验。在研究的逻辑思路上，本章的研究层层递进，首先考虑哪些外部环保型产品营销信息能够影响消费者环保型产品的购买意愿；其次考虑这些信息如何影响消费者环保行为的购买意愿，是直接影响还是间接影响，如果是间接影响，哪些因素在营销信息和购买意愿之间起到中介作用；最后研究不同购买情境是否会对外部环保型产品营销信息对于消费者的购买意愿的影响产生协同效应。以下将分别介绍与此次研究相关的文献、具体的实验设计、实验操作、研究结果、研究结论和启示。

第二节　相关文献的介绍

一、规范激活理论

　　1973 年，Schwartz 提出了规范激活理论。他指出被激活的个人规范能够影响个人的行为。规范激活理论提出后，得到了学术界的广泛认可，之后许多学者在进行环境保护方面的行为研究时，都是以规范激活理论为基础和依据的。Lier 和 Dunlap（1974）借助规范激活理论的模型，研究了道德规范对于消费者环保行为的影响，研究发现，如果消费者了解自己的行为将给别人造成的影响（AC），消费者的个人道德规范将被激活，从而减少或避免自己的非环保行为。Stern 等（1986）在规范激活理论的基础上，进一步指出能够激活道德规范的两个重要因素：其一，个人意识到一个行为对其他人的危害后果（AC），这能够让个人感到自己需要做一些事情来避免或减少这种危害；其二，个人感到自己对这种行为的责任（AR），也就是个人认为自己对积极或负面的结果负有责任。当这两点因素存在时，道德规范将被激活并将影响人们最终开展环保行动。Widegren（1998）基于规范激活理论，研究了瑞典消费者的环保行为，研究结果发现个人规范与环保行为之间存在强烈的相关关系。Stern（1999）发展和深化了规范激活理论，并结合价值观理论和新生态范式理论，提出了 VBN 理论。该理论将"个人规范"进一步细化为"亲环境个人规范"（proenvironmental personal norm），并证实了亲环境个人规范与环保行动之间的密切关系。他将亲环境个人规范界定为：通过内化的对环境的责任意识而执行的非正式的义务，同时他还开发了亲环境个人规范测量的量表。

从上述研究可以看出，只有个人在意识到某种行为将给别人的福利带来的危害并认为自己有责任改变这种危害时，个人规范才会被激活。那么什么才能令个人意识到危害并愿意承担责任呢？Stern 等（1986）在研究中指出，大众媒体有关人们对环保行动负有责任以及针对环保的新科技的宣传，将影响人们对于问题的关注程度和人们的观点。同样，媒体描述的、有关环保所带来的效果的宣传也将改变大众的想法。那么哪些营销信息能够让个人意识到没有执行亲社会行为会给他人造成不良的后果（AC）或让个人感到自己对这些不良后果负有责任呢（AR）呢，即哪些营销信息能够激活个人规范呢？Willis 和 DeKay（2007）指出，环境风险认知与个人规范存在着相关。Goldstein 等（2008）通过实验发现，描述性规范信息能够营造社会规范。基于上述研究结论，本章提出假设：企业可以通过产品和环境知识信息告诉消费者过去的非环保型产品对环境有哪些危害，如果继续购买非环保型产品会给他人和社会带来哪些不良后果以及购买新的环保型产品又能如何改善环境，即产品和环境知识信息能够提升 AC，激活亲环境个人规范；企业可以通过企业社会责任信息让消费者意识到该企业对于环境保护的贡献，以及如果自己支持该企业的产品将会如何帮助环境，即企业社会责任信息能够提升 AC，激活亲环境个人规范；企业可以通过描述性规范信息让消费者意识到，已经有多少人参与到了购买环保型产品的环保行动中，从而让消费者感到自己也同样对这些不良后果负有责任，即描述性规范信息能够提升 AR，激活亲环境个人规范。因此本章将基于规范激活理论，来探讨产品和环境知识信息、企业社会责任信息和描述性规范信息对于亲环境个人规范的激活作用，以及被激活的亲环境个人规范对于环保型产品购买意愿的影响作用，进而深化和拓展规范激活理论。

二、营销信息

"营销信息"是企业市场营销过程中的重要组成部分，许多学者都通过研究发现，消费者从外界接收到的、有关特定产品的"营销信息"能够转变为其内在的消费动力，从而影响消费者对该产品的购买意愿和购买行为（卫军英、张莺，2002）。那么专门针对环保型产品的营销信息，是否能够影响消费者环保型产品购买意愿呢？学者们也纷纷给出了回答。Ellen（1994）在研究中指出，消费者无法做出一个明智的环保消费决策，而企业、政府和非营利组织能够通过营销等手段来传递相应的知识，从而帮助他们做出决策。Strong（1996）强调了信息在道德消费（ethical consumption）中的重要地位，并指出环保标签能够为消费者提供更多有关环境方面的信息，从而更好地帮助消费者做出决定。Uusitalo 和 Oksanen（2004）认为，消费者需要依靠与时俱进和准确无误的信息来做出道德消费的决定。Yang（2008）通过实验研究证明，广告中的信息能够提升消费者对于环保型产品的购买意愿。

营销信息对目标受众发生作用的过程中，需要冲破受众的知觉壁垒，从而让受众充分理解信息，这就需要信息具有实际价值、保持多样性且充满趣味性（卫军英、张莺，2002）。那么环保型产品营销信息到底应该包含哪些内容呢？Polonsky 等（1997）指出，为了达到营销目标，环保型产品的市场营销信息通常包括一些与产品或企业相关的环境信息和环境宣言，传递产品或企业如何改善环境或如何帮助降低环境的恶化程度。Mathur 和 Mathur（2000）支持的观点是，消费者对于广告中的环境形象和环境信息呈现积极的反应，他们认为这些信息相对可信。D' Souza 等（2006）则指出，环保型产品商标上所传递的有效、详细的环境和产品信息能够提升环保型产品的营销效果。Chan（2006）指出，广告中的环境信息能够提升广告在中国消费者中的传播效果。Phau 和 Ong（2007）的研究数据显示，消费者认为与公司相关的环境信息要比与产品相关的环境信息更加可靠。可以看出，之前学者所提及的营销信息主要都集中在产品和环境信息上，那么除了这类营销信息之外，是否还有其他营销信息也能提升消费者购买环保型产品的意愿呢？

　　Carlson（1993）通过内容分析方法，将环保型产品营销中的信息分为四类：产品导向（如这款产品可以生物降解）、过程导向（如这款产品在生产过程中所采用的原材料是可以再循环的）、形象导向（如我们一直致力于保护森林）和环境事实信息（如全球热带雨林正在以每秒 2 英亩的速度遭到破坏）。除了 Carlson 提到的上述四类环保型产品营销信息之外，也有学者在研究消费者的环保行为时引入了描述性规范信息。Goldstein（2008）针对酒店如何推广环保行动，应该使用什么样的标签来鼓励顾客不更换毛巾的问题进行研究，发现标签上采用描述性规范信息要比传统的宣传语更有效果，更能鼓励顾客加入环保行动。因此，本章基于 Carlson（1993）的分类方法以及以往学者的研究，将环保型产品的营销信息分成三类：即与产品相关的、以产品导向、过程导向和环境事实信息为主的基本信息（产品和环境知识信息），与产品的生产商相关的以形象导向为主的信息（企业社会责任信息）以及与产品的使用者相关的信息（描述性规范信息），本章将涉及的三种信息结合在一起进行研究，从而更加深入地探讨到底哪些营销信息能够对消费者环保型产品的购买意愿产生影响，以及它们是如何对购买意愿产生影响的。

中国式环保行为管理：干预策略和作用机制的探索

（一）产品和环境知识信息

消费者的产品知识是指消费者对产品或服务的了解程度（冯旭、鲁若愚、彭蕾，2012）。Malhotra（1993）指出，产品知识分为品牌意识（awareness）、属性知识（attribute knowledge）和价格知识（price knowledge）三种。其中"品牌意识"是消费者对产品品牌的熟悉程度，"属性知识"是指产品的相关属性，"价格知识"是品牌产品的绝对价格与相对价格。Brucks（1985）将产品知识分为主观知识（subjective knowledge）、客观知识（objective knowledge）和经验知识（experience-based knowledge）。Roger 和 Blackwell（2003）将产品知识界定为：与产品购买和消费相关的，在记忆中有存储的全部信息的子集。许多学者都曾对产品知识和购买意愿之间的关系展开研究。王丽芳（2005）指出，产品外部线索能够影响消费者的购买意愿；杨杰等（2011）验证了产品属性对于消费者购买意愿具有积极的影响；郭际等（2013）通过研究发现产品知识能够间接地提升消费者对转基因产品的购买意愿；冯浩（2014）运用实证法研究了产品知识对消费者感知质量及购买意愿的调节效应。此外，也有学者专门研究了产品知识和环保型产品购买意愿之间的关系，并指出产品知识能够正向影响消费者对环保型产品的购买意愿。陈志颖（2006）在研究中发现，随着消费者对无公害农产品的了解程度的加深，他们会逐渐增加对产品的信任，而其购买意愿也相应得到加强。D′Souza 等（2006）在研究中发现，环保型产品商标上有关产品的知识的信息能够提升消费者对于该产品购买意愿。Josephine 和 Ritsuko（2008）通过调查问卷发现，消费者希望通过产品的市场营销来了解更多有关环保型产品的价值和改进的信息，从而帮助他们做出最终的购买决策。张连刚（2010）的研究结果显示，消费者对于产品的认知能够显著影响其绿色产品的购买动机以及购买行为。杜红梅和罗琳艳（2012）基于湖南省 407 个消费者的实证分析结果得出结论：消费者对绿色食品的了解程度越高，其绿色食品消费意识越强，越倾向于购买绿色食品。王颖和李英（2013）通过实验法证明，消费者在购买新能源汽车时对产品知识的了解程度会对其购买意愿产生重要的影响。

Fryxell 和 Lo（2003）将环境知识界定为"有关自然环境和生态系统的事

实、概念和关系的总体知识"。Schahn 和 Holzer（1990）将环境分为抽象的自然环境知识和具体的环境行动知识，前者是指有关环境存在的问题、产生的原因、解决办法等相关的知识；后者则是人们能够利用和开展行动的知识。在研究环保型产品的购买意愿时，学者们也经常将环境知识作为购买意愿的前因变量进行研究。Hines Hungerford 和 Tomera（1987）通过研究发现，在预测消费者的环保行为时，抽象的自然环境知识是最重要的决定因素之一。Kilkeary（1975）和 Dispoto（1977）发现环境知识和环保行为之间存在正向相关的关系。1976 年，Ramsey 和 Rickson 在研究中发现，环境知识与环境态度之间存在关系，同时环境知识有助于改变人们对环境的各种行为。Arbuthnot（1977）通过实验证实，人们接触到的环境信息越多，他们的环境行为受到影响的可能性越大。Hines Hungerford 和 Tomera（1987）的研究结果显示，环境知识和环保行为之间的相关系数为 0.3。Simmons 和 Widmar（1990）通过研究发现，缺少环境知识是人们采取环保行为的主要壁垒。Grunert（1993）在研究绿色产品的购买行为时，发现了环境知识对于购买行为的正向影响。Rokicka（2002）在研究波兰居民的环保行为时则发现，拥有高环境知识水平的消费者往往会开展更积极的环保行为。Mostafa（2006）对埃及消费者的绿色产品购买意愿的影响因素进行调查研究，结果显示环境知识和绿色产品购买意愿之间存在正向相关的关系。Stewart Barr（2007）在针对垃圾管理行为的研究中发现，消费者所拥有的环境知识水平和其最终的环保行为之间存在正向相关的关系。部分学者也专门针对中国市场的消费者进行了环保型产品购买行为的研究。Chan（2001）通过研究发现，中国消费者的环境知识水平较低，但是环境知识是消费者对绿色产品的态度以及其最终的绿色产品购买行为的重要影响因素。Y. K. Ip（2003）通过随机访谈发现，虽然中国消费者在调查之初都表示不需要购买环保型产品，但是当他们知道了非环保型产品对环境的危害后，大多数消费者都表示考虑替换原来的产品，改为购买环保型产品。而 Y. K. Ip 通过进一步的问卷调查得到结论：中国消费者在获知了非环保型产品的危害后，他们愿意为环保型产品支付溢价，也就是环境知识的获得对于消费者环保型产品购买意愿的提高起到了推动作用。陈志颖（2006）通过对无公害农产品的研究发现，消费者如果认识到农业生产中使用高毒农药对环境的破坏，他们就更愿意接受无公害农产品而达到环保的目的，也就是消费者对于环境知识的关注程度能够影响其环保型产品购买意愿。

综上所述，诸多学者都研究并证实了产品知识和环境知识对于环保型产品购买意愿的影响。但是，学者们提到的环境知识多指消费者本来就拥有的环境知识，而本章涉及的产品和环境知识信息包含两个部分：第一部分是目前环境存在什么问题以及该产品如何针对这些问题来对环境产生影响；第二部分是产品本身在材料的选择、生产、包装等环节采用了哪些环保的方式。这些信息对于消费者来说是陌生的，是需要企业的营销宣传来传递给消费者。同时，目前也少有学者将产品和环境知识结合在一起，作为营销信息的一种进行研究。因此，本章将在过去学者的研究基础上，将产品和环境知识信息作为外部环保型产品营销信息之一进行研究，深入探讨产品和环境知识信息是如何影响购买意愿的，有哪些中介变量在其中发挥了作用。

（二）企业社会责任信息

企业社会责任是一个始终萦绕在企业经营管理中的话题。要不要承担企业社会责任？承担企业社会责任到底能够为企业带来哪些益处？不承担企业社会责任的企业又会面临哪些问题？企业社会责任最早源于西方，随着中国企业频频出现各种安全、欺诈、环境方面的问题，越来越多的中国企业家将学习的目光转向西方，在学习西方经营理念的同时，他们也意识到了企业社会责任对于一个企业的重要意义，企业社会责任的概念逐渐成为国内的热点话题，而中国学术界对于企业社会责任的热情也日益高涨。

1953 年，Bowen 首先提出了企业社会责任的概念，他将其定义为商人的社会责任，是他们根据社会期望的目标和价值来制定政策、做出决策及开展行动的行为。至此之后，有关企业社会责任的定义就不断涌现，但是并没有形成一个统一的定义（Carrigan and Attalla，2001；McWilliams et al.，2006）。本章对企业社会责任的部分定义做了一个总结，详见表 3 - 1。综合学者们的定义，本章将企业社会责任定义为：企业在追求利益的同时，主动承担和解决各种社会问题的行为。

表 3 - 1 企业社会责任的定义汇总

作者	年份	定义
Bowen	1953	企业社会责任是商人的社会责任，是指他们根据社会期望的目标和价值来制定政策、做出决策及开展行动的行为
Davis	1960	企业社会责任具有经济性和非经济性的两面性，企业社会责任是商人的决策或行动，至少有一部分不是为了企业的直接经济利益和技术利益
McGuire	1963	企业社会责任是指企业不仅要履行经济和法律责任，还要履行其他社会责任
Davis 和 Blomstrom	1971	提出了同心圆理论，该理论认为企业社会责任是一个同心圆，内圈包括履行经济功能的基本责任；中圈包括尊重社会价值观和关注重大社会问题的责任；外圈包括更为广泛的促进社会进步的新兴而未定型的责任
Eells 和 Walton	1974	企业社会责任代表了企业对超越纯粹经济目标的社会需求的关心
Carroll	1979	企业社会责任是社会在一定时期对企业提出的经济、法律、道德和慈善的期望
Jones	1980	企业社会责任是指企业对构成社会的所有群体承担的责任，企业不只对股东负责
Kotler	1991	从社会营销的角度将企业社会责任定义为能够保持或提升顾客和社会利益的行为
Petkus 和 Woodruff	1992	企业应履行将对社会的任何不利影响最小化和将对社会长期的有利影响最大化的社会责任
Bowei	1995	企业的生存和繁荣离不开社会的资源，企业的税赋不足以抵消这些资源，企业应帮助解决社会问题
Donaldson	1995	企业的发展前景有赖于企业管理层对利益相关者利益诉求的回应，企业对社会履行经济责任、法律责任、道德责任和慈善责任在内的多项责任
Guylaine Valle	2005	企业社会责任是企业在决策过程中考虑除股东之外的其他利益的利益
Chahal 和 Sharma	2006	企业需要通过各种商业和社会行为，保护和提高社会和组织现在及未来的福利，并保证为各种利益相关者带去公正和可持续的利益
李伟阳和肖红军	2011	企业社会责任是在特定的制度安排下，企业有效管理自身运营对社会利益相关方、自然环境的影响，追求在预期存续期内最大限度地增进社会福利的意愿、行为和绩效

企业在履行自己的社会责任的同时，公众也会获得有关企业履行社会责任的信息。企业社会责任的信息是多样化的，学者们对其的分类方法也是多种多样的。针对企业社会责任的内容，Carroll 于 1979 年率先提出了四责任模型，他指出企业的社会责任应该包括经济责任（economic responsibility）、法律责任（legal responsibility）、道德责任（ethical responsibility）和慈善责任（philanthropic responsibility）。John Elkington 在 1997 年提出了"三重底线"的概念，提出企业社会责任应该包括经济、社会和环境的三重底线。Socrates（The Corporate Social Ratings Monitor，涵盖了 600 多个企业的社会责任记录并以此为依据进行排名的数据库）将社会责任分成了六大领域：社区支持、聘用多样化、雇员支持、环境、美国境外操作和产品。Munilla 和 Miles（2004）从利益相关者角度出发，提出了企业社会责任的 7 个维度：对股东和债权人的责任、对员工的责任、对政府的责任、对合作者的责任、对消费者的责任、对社区的责任和对自然环境的责任。Alexander Dahlsrud（2006）提出了社会责任的五个维度，其中包括环境维度、社会维度、经济维度、利益相关者纬度和自愿维度。

可以看出，随着全球对于环境问题关注度的不断提升，环境也逐渐从企业社会责任的慈善责任中分离出来，成为一个单独的维度。由于本章关注的是环保型产品的购买意愿，因此本章将采用 Alexander Dahlsrud（2006）提出的社会责任五维度的分法，并集中关注其中的与环境维度相关的企业社会责任。

企业社会责任信息作为营销信息的一部分，能够对消费者起到什么样影响作用呢？国外学者通过大量的调查和研究证实：消费者非常关注企业的社会责任信息，同时企业社会责任信息也能够影响消费者的购买意愿、购买意向甚至购买行为。Ross、Stutts 和 Patterson（1992）的实验结果显示，阅读了善因广告的受访者更愿意购买那些执行这个广告的企业的产品。Smith 和 Alcorn（1991）的研究发现，调查对象中有 30% 的人会因为企业支持慈善事业而购买该企业的产品。Brown 和 Dacin（1997）进行了让消费者根据企业社会责任的水平来给相应企业的产品打分的研究，结果显示消费者对于拥有高水平社会责任的企业，会给予更高的评价，并给予其生产的产品更高的评价。

Murray 和 Vogel（1997）在实验中设置了控制组和实验组，两组受访者阅读相同的文章，但是实验组的文章里涵盖了企业履行社会责任方面的信息，研究结果显示实验组的消费者对于企业的态度更加积极，同时更愿意购买该企业的产品。Handelman 和 Arnold（1999）在实验中操控了零售店的形象，并让实验组的消费者了解到零售店履行社会责任方面的信息，研究发现企业社会责任能够显著影响消费者对于零售店的支持。Mohr 和 Webb（2001）指出，消费者首先要意识到企业履行了社会责任，然后这个信息才能影响他们的购买行为。也就是消费者需要先接触到有关企业社会责任的信息。同时，他们也提出了社会责任消费者行为（socially responsible consumer behavior，SRCB）的概念。他们指出有一类消费者出于道德修养的自我约束，将更倾向于购买具备企业社会责任公司的产品。Bhattacharya 和 Sen（2004）将消费者对企业社会责任的响应分为内部响应和外部响应。内部响应是指企业在履行社会责任时，消费者对企业活动的认知、态度和归因；外部响应是指购买行为、忠诚度等。Mohr 和 Webb（2005）的试验研究中，将企业社会责任分解为环境责任和慈善责任两个变量，并发现积极企业社会责任会正向影响消费者购买意向。最近的研究还发现，企业社会责任信息能够塑造消费者对于企业价值观系统的信念（Newman et al.，2014），影响消费者评价企业产品的方式（Chernev and Blair，2015），并最终带来消费者购买意愿和行为的改变（Torelli et al.，2012）。

国内也有学者对企业社会责任和购买意愿之间的关系展开研究，但是，与国外相比，国内的研究相对不足（葛裕琛等，2012）。周延风等（2007）研究发现，捐助慈善事业、保护环境和善待员工的企业社会责任行为对消费者购买意向均有显著影响。常亚平、阎俊和方琪（2008）采用情境模拟法测量消费者在不同类型企业社会责任行为刺激下的购买意愿，结果发现不同的消费者群对履行了基本层或高级层社会责任的企业的产品有不同的可接受溢价范围。谢佩洪和周祖城（2009）通过结构方程模型方法对构建的理论模型进行实证检验，研究结果表明，企业社会责任行为能够对消费者购买意向产生直接的正向影响。张广玲等（2010）指出，企业的社会责任行为会对消费者购买意愿产生影响。田志龙等（2011）通过对六个行业 1022 名消费者的情境式问卷调查发现，消费者会将正面的企业社会责任行为转换为积极的企业评价、产品联想和购买意向。马龙龙（2011）的实证分析数据显示，企业社会责任行为是消费者购买决策的重要影响因素之一。葛裕琛等（2012）通过理论推导得出结论：企业履行社会责任会正向影响消费者的购买意愿。

综上所述，国内外学者的研究结果共同证实了企业社会责任信息能够影响消费者的购买意愿，甚至购买行为。但是少有学者将企业社会责任放在与企业相关的特定领域进行研究，也鲜有学者研究企业社会责任信息对于环保型产品购买意愿的影响。因此，本章将在前人研究的基础上，将企业社会责任信息作为营销信息的一种，引入环保型产品购买意愿的研究体系中，深入探讨企业社会责任信息对于环保型产品购买意愿的影响作用。

（三）描述性规范信息

描述性规范信息是消费者获得的有关在特定情境下大多数人会如何开展行动的信息（Goldstein，Cialdini and Griskevicius，2008）。Vining 和 Ebreo（1990）指出，个人对于其他人回收垃圾行为的了解能够影响自己的行为。Cialdini 等（1991）指出，描述性规范信息能够通过告知个人在特定情况下什么样的行为最有效和被接受，从而激发个人和公众的行为。Schultz（1999）通过实验发现，当居民们获得了有关其邻居回收利用物品数量的描述性规范信息后，他们也会相应提升自己回收利用物品的数量和频率；Goldstein 等（2008）通过问卷调查和现场实验研究方法来探讨描述性规范信息对于消费者环保型行为的影响作用，其针对酒店如何推广环保行动，应该使用什么样的标签来鼓励顾客不更换毛巾的问题进行研究，发现标签上采用描述性规范信息要比传统的宣传语更有效果，更能鼓励顾客加入环保行动。Nolan 和他的同事（2008）年也发现，描述性规范信息非常具有说服力，能够通过鼓励人们保护环境而带来人们购买行为上的改变。Gockeritz 等（2010）发现，当人们知道别人在开展节约能源的行为时，他们也会更加频繁和高效地节约能源。

目前，只有少数学者将描述性规范信息应用到中国消费者这个群体。Smith 等（2012）通过实验室实验研究发现，描述性规范信息能够显著地影响中国消费者的能源节约意愿，但是他们并没有将这个研究推广到消费者购买行为领域。换言之，描述性规范信息是否能够影响中国消费者对于绿色产品的购买行为，还需要数据的支持和验证。因此，本章将描述性规范信息作为营销信息的一种，引入了整体框架的研究中，深入探讨描述性规范信息对于中国消费者的环保型产品购买意愿是否存在影响作用以及如何影响。

三、感知价值

（一）感知价值的定义和维度划分

有关感知价值的定义，学者们根据不同的切入角度，提出了许多不同的界定方式。从广义来看，感知价值是指消费者相对总体付出而获得的结果或收益（McDougalland and Levesque，2000）。也有学者将感知价值定义为"质量和价格之间取舍的比率"（Chain Store Age，1985；Cravens，Holland，Lamb and Monerieff，1988；Monroe，1990）。而在各种定义中，得到最广泛认可的是 Zenithmal（1988）提出的：感知价值为消费者对感知到的获得与付出进行权衡取舍之后，对产品的效用做出的总体性评价。之后，Woodruff（1997）进一步深化了感知价值的概念，提出感知价值是顾客在特定使用情境下对有助于或有碍于实现目标的产品属性及其效用的偏好与评价。

感知价值的维度分类方法也很丰富，学者们同样选择了多个切入点进行分类，包括按照不同区域的消费者、不同的行业、不同的产品等进行分类。其中颇具代表性的是 Sheth 等（1991）基于对前人研究理论的分析和梳理而提出的感知价值五维度的分类方法，此后许多学者对感知价值的划分都是以这个分法为基础的。Sheth 认为感知价值包括：功能价值（functional value）、社会价值（social value）、情感价值（emotional value）、认知价值（epistemic value）和条件价值（conditional value）。功能价值被定义为通过产品的功能、实用或性能所感知到的效用。功能价值可能产生于产品的特点或属性（Ferber，1973），如产品的耐用性、可靠性和价格。社会价值被定义为通过产品来与别人或特定社会群体建立联系而感知到的效用。社会价值往往是与产品的形象联系在一起。情感价值被定义为通过产品所引起的情绪或情感的变化而感知到的效用。情感价值通常与特定的感情或产生、保持这种感情的状态联系在一起。认知价值被定义为通过产品来产生对于知识的好奇和渴望而感知到的效用。感知价值是产品所承载的奇特性、创新性和知识性。条件价值被定义为由特定的情境或氛围所带来的感知效用。Sheth 同时指出，消费者在购买不同类型的产品时，感知到的价值维度是不同的。在 Sheth 之后，又有许多学者对感知价值的维度进行了划分，本章将部分针对感知价值维度的分类进行了汇总，详见表 3－2。

表 3－2   感知价值维度划分的汇总

作者	年份	切入点	感知价值维度划分
Sheth 等	1991	各种产品类型	5 个维度：即功能价值、社会价值、情感价值、认知价值和条件价值
Babin	1994	购物体验	2 个维度：功利主义价值和享乐主义价值
Sweeney & Soutar	2001	耐用消费品	4 个维度：情感价值、社会价值、质量／表现和价格
Bourdeau	2002	网络环境	5 个维度：社会交价值、功利主义价值、享乐主义价值、学习价值和购买价值
Wang 等	2004	中国消费者	4 个维度：情感价值、社会价值、功能价值和感知付出
Vigneron 等	2004	奢侈品牌	5 个维度：炫耀价值、唯一价值、社会价值、情感价值和品质价值
杨晓燕、周懿瑾	2006	绿色产品	5 个维度：功能价值、情感价值、社会价值、绿色价值和感知付出
Hsu 等	2007	政府电子信息系统的消费者行为	3 个维度：制约性价值、实用性价值和社交价值
Kim 等	2010	奢侈品牌	5 个维度：实物价值、经济价值、社会价值、情感价值和服务价值

通过上述汇总分类可以看出，当产品品类不同时，消费者的感知价值也会有所不同。由于本章的研究对象是环保型产品，因此本章将采用杨晓燕（2006）的分类方法并结合 Sheth（1991）等提出的维度分类方法。杨晓燕在进行研究时发现，社会价值具有双重特性：一方面是顾客与自然之间的关系

效用，即购买行为对自然环境的影响；另一方面是顾客与他人之间的关系效用，即购买行为对顾客自身形象的影响。基于这个双重性的分析，杨晓燕进一步指出消费者在进行绿色产品的购买决策时，会表现出对生态环境的关注。这不仅是为了赢得他人的赞许或认同，也是由于个人主动对生态环境公益价值的追求。因此，杨晓燕将顾客感知到的这个价值从社会价值中分离出来，并提出了一个新的维度：绿色价值。但是杨晓燕在研究时，去掉了认知价值这个维度，因为她认为"许多属于绿色产品的日常用品，技术含量不高，并且消费者对这类产品比较熟悉，认知价值不大"。但是这个推论与以往学者所指出的"绿色产品通常含有很高的科技含量，属于创新性产品"（张连刚，2010）相违背。因此，本章在研究时决定加上认知价值这个维度，并通过实际的数据来验证这个价值维度是否存在于顾客对于环保型产品的感知价值之中。

综上所述，本章在研究中将感知价值分为6个维度：功能价值、情感价值、社会价值、绿色价值、认知价值和感知付出。其中，功能价值是指产品质量、性能方面的效用；情感价值是指顾客从产品或服务中获得的情感效用；社会价值是指能够获得他人赞许或改善个人的形象方面的价值（杨晓燕等，2006）；绿色价值包括产品减少对环境的污染，帮助消费者提高环境保护意识等效用（杨晓燕等，2006）；认知价值是指产品可以获得某些知识的价值和具有令人感到惊奇和新鲜的价值特性；感知付出是指为了获得某一产品或服务所付出的货币和非货币代价（Wang，2004）。本章将从这6个维度来测量消费者对于环保型产品的感知价值，研究感知价值与中国消费者环保型产品购买意愿之间的关系，并探究外部环保型产品营销信息对于消费者内在的感知价值的影响作用。

（二）感知价值的相关研究

国内外的许多学者在进行消费者行为的研究中发现，感知价值与购买意愿之间存在正向相关的关系。Monroe 和 Krishnan（1985）在研究中发现，消费者感觉到正面的感知价值有助于促进其进一步的购买意愿。Chang 和 Wildt（1994）在实证研究中发现，消费者的感知价值是其购买意愿的主要决定因素。Grewal（1998）的研究结果显示，感知价值与消费意愿之间存在关联。Cronin 等（2000）在研究中发现，感知价值能够更好地预测消费者的购买意愿。Vigneron 等（2004）研究了感知价值对于奢侈品牌购买意愿的影响。潘煜（2009）通过对上海消费者的手机购买行为进行实证研究发现，消费者对于手机的感知价值能够直接影响其最终购买行为。于伟（2009）针对绿色产品的购买行为研究中发现，消费者的感知绿色价值对其绿色消费行为有显著预测能力。赵冬梅和纪淑娴（2010）从感知价值的感知收益和感知风险两方面来研究消费者的网络购物意愿，同时在构建模型时，将信任作为感知价值的前因变量，研究发现感知收益能够直接影响消费者的网络购买意愿。Chen（2012）通过研究发现，感知价值对于绿色新产品（环保型电动摩托车）的购买意愿具有直接正向的影响。陈洁和王方华（2012）在研究中将产品进行分类，研究了感知价值对于不同品类产品的购买意愿的影响，研究发现感知价格和感知品质是消费者购买商品考虑的首要因素。同时研究结果还显示，感知价值中的品质价值和价格价值对快速消费品的购买意愿产生正向影响，而品质价值、价格价值、延伸价值和自我享乐价值对于耐用品的购买意愿产生正向影响。苏淞等（2013）将感知价值作为形成消费者购买决策风格的前因变量进行研究，并通过实证检验了注重不同的感知价值的消费者，其购买决策风格不同。

根据上述文献可以得知，感知价值能够影响购买意愿，那么又有哪些因素能够影响感知价值呢？学者们通常会从产品或服务本身、消费者自身、外界这三方面来进行研究，探求感知价值的前因变量。从产品或服务本身的角度来看，与产品或服务相关的知识、价格、质量等都会影响消费者对于产品或服务的感知价值（Zeithaml，1988；Parasuraman，1997；白长虹、范秀成、甘源，2002）；从消费者自身来看，消费者的价值观、生活方式和参与程度等都会对产品的感知价值产生影响（潘煜、高丽、王方华，2009；刘文波、陈荣秋，2009；苏淞、孙川、陈荣，2013）；而外界的涵盖的范围较广，包含企业、其他消费者、环境等，学者们发现企业的营销策略、企业社会责任、参照群体等都能对感知价值产生影响（陈家瑶、刘克、宋亦平，2006；郑文清、李玮玮，2012）。

综上所述，感知价值对于消费者的购买意愿具有正向影响，但是，目前仅有少数学者将感知价值引入了环保型产品的购买意愿研究中，来分析感知价值与环保型产品购买意愿之间的关系以及环保型产品感知价值的前因变量。因此，本章将感知价值引入研究框架之中，进一步证实感知价值对于环保型产品购买意愿具有正向影响。

第三节　研究假设的提出

在界定了所涉及的变量之后，本章基于过去的研究理论，探究变量之间存在的关系，并针对各个变量之间的关系提出了相应的假设。

一、营销信息对购买意愿的影响

1. 产品和环境知识信息。根据以往的研究结论，学者们一致认为消费者所拥有的环境知识能够影响其最终的环保型产品购买意愿，甚至购买行为。例如，Hines Hungerford 和 Tomera（1987）通过研究发现，在预测消费者的环保行为时，抽象的自然环境知识是最重要的决定因素之一。Kilkeary（1975）和 Dispoto（1977）发现环境知识和环保行为之间存在正向相关的关系。1976年，Ramsey 和 Rickson 在研究中发现，环境知识有助于改变人们对环境的各种行为。Arbuthnot（1977）通过实验证实，人们接触到的环境信息越多，他们的环境行为受到影响的可能性越大。Hines Hungerford 和 Tomera（1987）的研究结果显示，环境知识和环保行为之间存在正向相关的关系。Mostafa（2006）对埃及消费者的绿色产品购买意愿的影响因素进行调查研究，结果显示环境知识和绿色产品购买意愿之间存在正向相关的关系。Stewart Barr（2007）在针对垃圾管理行为的研究中发现，消费者所拥有的环境知识水平和其最终的环保行为之间存在正向相关的关系。部分学者也专门针对中国市场的消费者进行了环保型产品购买行为的研究。Chan（2001）通过研究发现，中国消费者的环境知识水平较低，但是环境知识是消费者对绿色产品的态度以及其最终的绿色产品购买行为的重要影响因素。Y. K. Ip（2003）通过问卷调查得到结论，中国消费者在获知了有关非环保型产品的危害信息后，他们愿意为环保型产品支付溢价，也就是环境知识的获得对于消费者环保型产品购买意愿的产生起到了推动作用。同时，也有部分学者证明了产品知识亦能影响消费者环保型产品的购买意愿，例如，D′Souza 等（2006）在研究中发现，环保型产品商标上有关产品的知识能够提升消费者对于该产品购买意愿。张连刚（2010）的研究结果显示，消费者对于产品的认知能够显著影响其绿色产品的购买动机以及购买行为。杜红梅和罗琳艳（2012）通过实证分析发现，消费者对绿色食品的了解程度越高，其绿色食品消费意识越强，越倾向于购买绿色食品。王颖和李英（2013）通过实验法证明，消费者在购买新能源汽车时对产品知识的了解程度会对其购买意愿产生重要的影响。

不过需要注意的是，与以往学者们研究的消费者本来就拥有的环境知识不同的是，本章所涉及的产品和环境知识信息包含两个部分：第一部分是目前环境存在什么问题以及该产品如何针对这些问题来对环境产生影响；第二部分是产品本身在材料的选择、生产、包装等环节采用了哪些环保的方式。这些信息对于消费者来说是陌生的，是需要企业的营销宣传来传递给消费者，从而影响消费者的购买意愿。因此，本章提出假设：

H3 – 1：产品和环境知识信息对消费者环保型产品购买意愿具有正向影响。

2. 企业社会责任信息。根据文献综述中关于企业社会责任的陈述可以发现，国内外众多学者都通过各种研究证实了企业社会责任对于消费者的购买意愿、购买意向和购买行为有正向影响。虽然，也有研究提及，企业在消费者所关注的领域或从事与消费者自身密切相关的领域所进行社会责任活动，对消费者购买意向的影响要大于在消费者漠不关心的领域所进行的社会责任活动。但是，少有学者将企业社会责任放在与企业相关的特定领域进行研究，特别是将企业社会责任与消费者的环保型产品购买意愿结合在一起进行研究。以往的学者的研究结论包括：Mohr 和 Webb 研究发现企业从事消费者所支持的社会责任领域会对消费者的购买意向产生更大的作用（Mohr and Webb，

2005）。Drumwright 和 McGee 的研究也发现，当企业在和产品具有相关性领域实施社会责任战略时，不仅会使企业特征呈现出积极性的一面，同时也能增强消费者对企业生产能力（如生产专业技能、创新性和员工效率等）的信心。Varadarajan 和 Menon（1988）指出，企业的社会责任行为必须与企业的产品线、品牌形象、定位和/或目标受众之间建立匹配。Karen 等（2006）通过研究发现，相对于低匹配度的企业社会责任，高匹配度的企业社会责任会产生更高的企业评价和购买意愿。Sana-ur-Rehman 和 Rian（2011）的研究结果也进一步证实，高联系度的企业社会责任能够对消费者的购买意愿产生更大的影响作用。Prakash（2002）曾经提出，公司可以利用绿色营销策略促进产品销售，而绿色营销策略可以从公司的政策和生产过程等层面实施，这其中就包括公司所开展的环保方面的行动。Chan（2004）针对环保型产品的广告信息进行了研究，分析了中国消费者如何应对广告中的有关环保型产品的信息。研究发现，企业在推广环保型产品时，应该先树立自己的环保企业形象，之后再关注产品的形象。Josephine 和 Ritsuko（2008）通过研究结论发现，消费者愿意更多地购买那些履行企业社会责任的企业所推出的环保型产品。综上所述，本章提出假设：

H3－2：企业社会责任信息对消费者环保型产品购买意愿具有正向影响。

3. 描述性规范信息。描述性规范信息是消费者获得的有关在特定情境下大多数人会如何开展行动的信息（Goldstein，Cialdini and Griskevicius，2008）。国外曾有部分学者将描述性规范信息引入环保行为的研究框架中，并通过研究发现描述性规范信息能够正向影响消费者的环保行为。例如，Vining 和 Ebreo（1990）发现个人对于其他人回收垃圾行为的了解能够影响自己的行为。Cialdini 等（1991）在研究中指出，描述性规范信息能够激发个人和公众的行为。Schultz（1999）通过实验发现，当居民们获得了有关其邻居回收利用物品数量的描述性规范信息后，他们也会相应提升自己回收利用物品的数量和频率；Goldstein 等（2008）通过问卷调查和现场实验研究方法来探讨描述性规范对于消费者环保型行为的影响作用，结果显示描述性规范信息能够显著影响消费者行为的改变。虽然国外已有部分学者将描述性信息和环保行动结合在一起进行研究，但是中国学者在这方面的研究还处于空白状态，因此本章希望将这个变量引入中国特定情境中进行研究，深入探讨描述性规范信息对于中国消费者环保型产品购买意愿的影响作用。基于此，本章提出假设：

H3 - 3：描述性规范信息对消费者环保型产品购买意愿具有正向影响。

二、环保型产品营销信息对感知价值的影响

1. 产品和环境知识信息。部分学者曾经开展过有关产品和环境知识信息对于感知价值的影响的研究，并发现产品和环境知识信息能够正向影响消费者的感知价值。例如，Park 等（1988）在研究中指出，产品信息与消费者感知到的产品重要性密切相关。Park、Mothersbaugh 和 Feick（1994）的研究结果显示，消费者对于产品价值的评估取决于消费者之前所拥有产品信息。Dowling 和 Staelin（1994）通过对过去研究的分析发现，知识经常作为研究产品感知风险的变量。Cowley 和 Mitchell（2003）指出，消费者对于产品的了解越深入，他们对于产品性能的感知和理解就越好。D′Souza 等（2006）通过研究证实，环保型产品商标上有关产品和环境的信息能够影响消费者对于产品的感知。于伟（2009）通过有关环境知识、感知价值和绿色消费行为的调查问卷结果发现，消费者的环境知识对感知绿色价值有显著影响。Laroche 等（2010）也通过研究发现，产品知识能够影响消费者对于产品和品牌的感知风险。基于学者们曾经的研究，本章提出假设：

H3 - 4：产品和环境知识信息对感知价值具有正向影响。

2. 企业社会责任信息。消费者作为经济生活中的重要组成部分，具有"经济人"的特征，即其决策在一定程度上是基于"经济理性"的，因此，如果企业的社会责任信息要对消费者决策产生影响，其发生作用的前提之一是触发了消费者的经济理性（马龙龙，2011）。换言之，企业承担的社会责任会让消费者主观上感觉到企业为自己创造了利益或企业向自己让渡了利益，这时消费者才会对企业社会责任产生积极的响应。D′Souza 等（2006）指出，消费者对企业有关环境方面的战略信息的了解能够影响他们对于企业的环保

型产品的感知。部分学者在研究企业社会责任对感知价值的影响时，将感知价值进行了维度的划分，之后分析企业社会责任水平对于全部或部分的维度的影响。Sheth 等（1991）指出，企业社会责任能够提升消费者对于产品的情感价值、社会价值和功能价值。张广玲等（2010）通过实验证实消费者感知到的企业社会责任水平越高，他们感知到的产品质量就越高，感知到的风险就越低，最终会导致更高的购买意愿。也就是说企业社会责任对于产品购买意愿的影响过程中存在感知价值的中介作用（张广玲等，2010）。Todd 和John（2011）通过研究发现，当消费者购买环保型产品时，企业社会责任会提升他们对于产品的情感价值。吴茂光（2011）通过研究发现企业社会责任能够通过感知质量来影响消费者购买意愿。因此，本章提出假设：

H3 − 5：企业社会责任信息对感知价值具有正向影响。

3. 描述性规范信息。虽然以往没有学者证明过描述性规范信息对感知价值具有影响。但是感知价值的维度中包含社会价值这个维度，而社会价值是指能够获得他人赞许或改善个人的形象方面的价值（杨晓燕等，2006），也就是说，当个人感觉到购买某个产品能够获得他人的赞许和认可时，个人对于该产品的社会价值的感知就会提升。而本章中的描述性规范是指消费者获得的有关其他消费者如何应对特定环保型产品的信息。因此，描述性规范信息会告知消费者，其他消费者对于某个产品的态度和行动，这种态度和行动或许能够调动消费者，让消费者感觉到，如果自己也采取这样的态度和行动可以与其他消费者保持一致且获得别人的认可，进而购买某个产品，这时消费者对于产品的感知价值就可能随着消费者对产品的社会价值的提升而增加。针对上述分析，本章将探索描述性规范信息是否是感知价值的前因变量，故而本章提出假设：

H3 − 6：描述性规范信息对感知价值具有正向影响。

三、环保型产品营销信息对亲环境个人规范的影响

规范激活理论认为，当个人意识到没有执行亲社会行为会给他人造成不

良的后果（awareness of consequence，AC）且个人感到自己对这些不良后果负有责任（ascription of responsibility，AR）时，个人规范被激活，而被激活的个人规范能够影响个人的行为。以往的学者多是从消费者的内在入手，发现消费者内在的价值观和信念能够激活个人规范（Schwartz，1973；Stern，1999）。也有部分学者提到营销信息能够引起人们对环境问题（AC）的关注，例如，Stern 等（1986）在研究中指出，大众媒体有关人们对环保行动负有责任以及针对环保的新科技的宣传，将影响人们对于问题的关注程度和人们的观点。同样，媒体描述的、有关环保所带来的效果的宣传也将改变大众的想法。那么什么样的外部环保型产品营销信息也能够让个人意识到购买非环保型产品将对环境造成的影响（AC）或者让消费者意识到自己对这个影响负有责任（AR）呢？也就是何种营销信息能够激活个人规范呢？以往仅有少数学者对这个问题进行过探讨，例如，Willis 和 DeKay（2007）指出，环境风险认知与个人规范存在着相关。Goldstein 等（2008）通过实验发现，描述性规范信息能够营造社会规范。为了进一步扩大和深化规范激活理论，本章希望通过实验验证：企业可以通过产品和环境知识信息告诉消费者过去的非环保型产品对环境有哪些危害，如果继续购买非环保型产品会给他人和社会带来哪些不良后果以及购买新的环保型产品又能如何改善环境，即产品和环境知识信息能够提升 AC，激活个人规范；企业可以通过企业社会责任信息让消费者意识到该企业对于环境保护的贡献，以及如果自己支持该企业的产品将会如何帮助环境，即企业社会责任信息能够提升 AC，激活个人规范；企业可以通过描述性规范信息让消费者意识到，已经有多少人参与到了购买环保型产品的环保行动中，从而让消费者感到自己也同样对这些不良后果负有责任，即描述性规范信息能够提升 AR，激活个人规范。故而，本章将产品和环境知识信息、企业社会责任信息和描述性规范信息作为亲环境个人规范的前因变量进行研究，并提出以下三个假设：

H3 - 7：产品和环境知识信息对亲环境个人规范具有正向影响。

H3 - 8：企业社会责任信息对亲环境个人规范具有正向影响。

H3 - 9：描述性规范信息对亲环境个人规范具有正向影响。

四、感知价值对购买意愿的影响

感知价值对购买意愿的探讨由来已久。Monroe 和 Krishnan（1985）在研究中发现，消费者感觉到正面的感知价值有助于促进其进一步的购买意愿。Chang 和 Wildt（1994）在实证研究中发现，消费者的感知价值是其购买意愿的主要决定因素。Grewal（1998）的研究结果显示，感知价值与消费意愿之间存在关联。Cronin 等（2000）在研究中发现，感知价值能够更好地预测消费者的购买意愿。Vigneron 等（2004）研究了感知价值对于奢侈品牌购买意愿的影响。潘煜（2009）通过对上海消费者的手机购买行为进行实证研究发现，消费者对于手机的感知价值能够直接影响其最终购买行为。于伟（2009）针对绿色产品的购买行为研究中发现，消费者的感知绿色价值对其绿色消费行为有显著预测能力。赵冬梅和纪淑娴（2010）从感知价值的感知收益和感知风险两方面来研究消费者网络购物意愿，同时在构建模型时，将信任作为感知价值的前因变量，研究发现感知收益能够直接影响消费者的网络购买意愿。Chen（2012）通过研究发现，感知价值对于绿色新产品（环保型电动摩托车）的购买意愿具有直接正向的影响。陈洁和王方华（2012）在研究中将产品进行分类，研究了感知价值对于不同品类产品的购买意愿的影响，研究发现感知价格和感知品质是消费者购买商品考虑的首要因素。同时研究结果还显示，感知价值中的品质价值和价格价值对快速消费品的购买意愿产生正向影响，而品质价值、价格价值、延伸价值和自我享乐价值对于耐用品的购买意愿产生正向影响。苏淞等（2013）将感知价值作为形成消费者购买决策风格的前因变量进行研究，并通过实证检验了注重不同的感知价值的消费者，其购买决策风格不同。通过上述分析可以看出，虽然很多学者都曾研究过感知价值对于购买意愿的影响，但是仅有少数学者将感知价值放在环保型产品的购买意愿研究框架中，研究感知价值对于消费者环保型产品购买意愿的影响，因此本章在以往学者的研究基础上提出假设：

H3 - 10：感知价值对消费者环保型产品购买意愿具有正向影响。

五、亲环境个人规范对购买意愿的影响

Schwartz（1973）提出的规范激活理论，该理论认为当个人意识到没有执行亲社会行为会给他人造成不良的后果且个人感到自己对这些不良后果负有责任时，个人规范被激活，而被激活的个人规范能够影响个人的行为。在规范激活理论提出以后，就有很多学者陆续将个人规范引入环保行为的研究体系之中，研究个人规范对于环保行为的影响。例如，Stern 等（1986）在研究中发现，被激活的道德规范能够影响人们有关环保行动的开展。Widegren（1998）研究了瑞典消费者的环保行为，结果显示个人规范与环保行为之间存在强烈的相关关系。Chan（1998）研究了中国香港市民回收垃圾的行为，强调了主观规范对于鼓励他人参与的重要性。Tucker（1999）也在实验研究中展示了主观规范和个人行为之间的紧密关系。Stewart Barr（2007）指出，人们对于规范的接受能够直接影响他们的行为。综上所述，个人规范与环保行为之间存在联系，而亲环境个人规范又是特指与环保相关的个人规范，因此本章提出假设：

H3 – 11：亲环境个人规范对消费者环保型产品购买意愿具有正向影响。

六、感知价值在营销信息与购买意愿之间的中介作用

基于对以往文献的梳理可以发现，外界营销信息能够影响消费者环保型产品的购买意愿，那么这种影响是直接影响还是间接影响呢？如果是间接影响，什么要素在中间发挥中介的作用呢？以往的学者在研究中指出，营销信息能够正向影响消费者对于产品的感知价值（D'Souza，2006；于伟，2009；张广玲，2010），同时也有学者指出消费者对于产品的感知价值也能够正向影响消费者对于产品的购买意愿（Chang and Wildt，1994；Cronin，2000；潘煜，2009；Chen，2012）。那么感知价值在营销信息与购买意愿之间是否具有中介作用呢？也就是说，环保型产品营销信息是直接影响了产品的购买意愿，还是通过提升了消费者对于环保型产品的感知价值，进而影响了其环保型产

品的购买意愿呢？曾经有少部分学者在研究中发现了感知价值在营销信息与购买意愿之间的中介作用，例如，于伟（2009）在研究中指出，消费者的产品知识能够通过显著影响消费者的绿色价值来影响消费者最终的绿色消费行为。张广玲（2010）在实验中发现，消费者感知到的企业社会责任水平越高，他们感知到的产品质量就越高，感知到的风险就越低，最终会导致更高的购买意愿。基于此，本章提出假设：

H3－12：感知价值在环保型产品营销信息与购买意愿之间起中介作用。

H3－12a：感知价值在产品和环境知识信息与购买意愿之间起中介作用。

H3－12b：感知价值在企业社会责任信息与购买意愿之间起中介作用。

H3－12c：感知价值在描述性规范信息与购买意愿之间起中介作用。

七、亲环境个人规范在营销信息与购买意愿之间的中介作用

通过文献综述看出，营销信息对于消费者亲环境个人规范具有激活作用，同时，亲环境个人规范对于消费者购买意愿也具有正向影响作用。那么亲环境个人规范在营销信息与购买意愿之间扮演了什么样的角色呢？环保型产品的感知价值的提升让消费者内在感到渴望拥有环保型产品，而消费者亲环境个人规范的激活会让消费者内在感到有义务和责任去购买环保型产品，正是在这样的推力和拉力的共同作用下，促进了消费者环保型产品的购买意愿以及最终的购买行为。基于此，本章提出假设：

H3－13：亲环境个人规范在环保型产品营销信息与购买意愿之间起中介作用。

H3－13a：亲环境个人规范在产品和环境知识信息与购买意愿之间起中介作用。

H3－13b：亲环境个人规范在企业社会责任信息与购买意愿之间起中介作用。

H3－13c：亲环境个人规范在描述性规范信息与购买意愿之间起中介作用。

八、他人在场情境对环保型产品购买意愿的影响

在现实情况下，当消费者决定是否要购买环保型产品时，他们可能不是单独一个人。他们的身边可能有朋友、家人，或是超市的促销员、导购员及其他顾客，这些"他人"都可能会对消费者的购买意愿甚至最终的购买行为产生影响。Semmann、Krambeck 和 Milinski（2005）曾经指出，消费者的环保行为能够帮助他们建立良好的信誉和形象；而 Argo 等（20005）也通过现场实验发现，当有他人在场时，消费者会进行印象管理自己的行为，他们会通过购买特定的产品来给别人留下深刻印象；Griskevicius 等（2010）认为消费者在追求地位的动机驱使下，会选择开展环保行动，同时他们也通过实验研究发现，与消费者在网上购物相比，消费者在商场购物时的地位动机会被显著激活，因此他们购买环保型产品的意愿会更加强烈。杜伟强（2012）在研究他人观看与自我构念对绿色消费的影响时发现，他人是否观看与自我构念对绿色消费意向的交互影响是显著的。为了更加深入地研究消费者环保型产品的购买意愿，也为了使研究结果更具现实指导意义，本章为研究框架引入了"他人在场"情境，探讨他人在场对于消费者环保型产品购买意愿的影响，以及他人在场和营销信息之间是否存在交互效应。基于以往学者的研究结果，本章提出以下假设：

H3 - 14：相比无他人在场情境，有他人在场情境下消费者环保型产品的购买意愿更强。

九、他人在场情境与营销信息的协同效应

根据上述分析，他人在场情境能够对消费者的购买意愿产生影响，而营销信息也能够对消费者购买意愿产生影响。那么他人在场情境和营销信息之间是否存在协同效应呢？即他人在场情境是否会干扰营销信息对于消费者环保型产品购买意愿的影响。英国心理学家布 Broadbent（1958）提出了"过滤

器模型"理论，该理论认为来自外界的信息是大量的，人的感觉通道接受信息的能力以及高级中枢加工信息的能力是有限的，因而对外界大量的信息需要进行过滤和调节。章志光（2004）也在论述"过滤器模型"时提出，注意犹如一个过滤器，它在信息加工过程中对输入的信息起筛选的作用，以防止信息传送通道因通过能力有限而超载。而注意会受到情境的影响，即情境可能会导致"注意"这个过滤器的开启或闭合。那么他人在场情境是否会启动"注意"这个过滤器，进而导致部分营销信息无法通过筛选呢？基于此，本章提出假设：

H3－15：他人在场情境与营销信息存在协同效应。

H3－15a：他人在场情境与产品和环境知识信息存在协同效应。

H3－15b：他人在场情境与企业责任信息存在协同效应。

H3－15c：他人在场情境与描述性规范信息存在协同效应。

第四节　实验介绍

一、相关资料的设计

本章的研究旨在探讨外部环保型产品营销信息对于中国消费者环保型产品的购买意愿的影响，同时研究整个影响机制并引入他人在场情境。基于这个研究宗旨，本章选择了实验法进行研究。研究分为三个实验，第一个实验用以研究环保型产品营销信息对购买意愿的影响；第二个实验用以研究感知价值和亲环境个人规范在营销信息和购买意愿之间的中介作用；第三个实验用以研究他人在场情境对于购买意愿的影响作用以及购买意愿与营销信息之间的交互作用。实验涉及的资料主要是一篇包含营销信息的文章和他人在场情境的描述。

本章将环保型产品界定为在生产过程中考虑到对环境影响的产品。根据这个定义，在实验中选择了矿泉水作为消费者需要购买的产品。选择这种产品主要是出于三点考虑：首先，矿泉水是消费者在生活中都曾经接触过甚至使用过的产品，不会因为消费者对产品的不熟悉而对产品选择产生影响；其次，矿泉水塑料瓶属于"白色垃圾"，会对环境造成影响是属于常识性问题，因此消费者都应该对此非常熟悉，不需要过多的解释；最后，矿泉水的价格较低，属于消费者能够承受的价格范围内。因此，相对于价格昂贵的产品，消费者的月收入水平对于其购买意愿不会产生太大影响。本章希望通过一篇文章（见附录1）来传递相关的环保型产品营销信息，从而对消费者形成实验刺激。文章描述了目前环境中的问题，并描述了一家虚拟的、在近期推出环保型矿泉水——植物环保瓶矿泉水的企业，同时介绍了这种环保型产品与以往非环保型产品的不同和其对环境的影响（产品和环境信息）；文章同时指出该企业始终致力于环保行动，并详细介绍了企业在环境保护方面的贡献（企业社会责任信息）；文章最后还指出，有85%的消费者选择了植物环保瓶，并称消费者中大部分是年轻人（描述性规范信息）。特别注意的是，本章所虚拟的环保型产品与以往的非环保型产品在口味、品质等方面都没有任何区别，这样就控制了产品特性等因素对消费者购买意愿的影响。

本章的实验是通过问卷的形式完成的，因此需要通过语言的描述来营造他人在场情境（描述方式详见附录）。在实验设计的初始阶段，为了让"他人在场"情境更加真实，也为了让受访者体验到他人在场时选择购买产品的感受，研究将"有他人在场"的情境设计成：要求受访者将自己的"购买意愿"的总得分数告诉旁边的受访者，并将旁边受访者的分数记录在相应位置的做法。这样，受访者在为"购买意愿"打分之前，就会知道这个分数将会告诉别人，从而营造出"有他人在场"的情境。而"无他人在场"情境下的受访者，不需要将分数告知别人。

二、量表的选择

本章实验中需要测量的变量包括：因变量"购买意愿"以及中介变量"感知价值"和"亲环境个人规范"。下面将分别介绍这三个变量的测量。

（一）购买意愿的测量

因变量"购买意愿"是根据研究对购买意愿的操作定义，将"购买意愿"分成了三种情况，即消费者愿意因为某个品牌推出了环保型产品而购买该环保型产品来替代以往消费的该品牌的同类非环保型产品、消费者愿意因为某个品牌推出了环保型产品而购买该环保型产品来替代以往消费的其他品牌的同类非环保型产品以及消费者愿意为环保型产品支付溢价。在实验中，前两种情况以描述的形式呈现（描述一：如果我以前一直购买 PET 塑料瓶的Pure 矿泉水，我愿意从现在开始购买植物环保瓶的 Pure 矿泉水。描述二：如果我以前从未购买过 Pure 矿泉水，我愿意从现在开始购买植物环保瓶的 Pure矿泉水），实验要求受访者在一个 5 点量表为相应的描述打分，其中 1 代表"完全不同意"、2 代表"不同意"、3 代表"部分同意、部分不同意"、4 代表"同意"、5 代表"完全同意"。而第三种情况则以题目的形式呈现（一瓶 PET塑料瓶的 Pure 矿泉水是 2.5 元，您能接受的植物环保瓶矿泉水的价格是多少？），之后要求受访者在五个选项中挑选出自己能够接受的价格（2.5 元、3元、3.5 元、4 元和 4.5 元）。

（二）感知价值的测量

中介变量"感知价值"的测量选用了成熟的量表。本章将感知价值分成6 个维度：功能价值、情感价值、社会价值、绿色价值、认知价值和感知付出。除了认知价值以外的维度，都沿用了杨晓燕（2006）专门为环保型产品的感知价值开发的量表，该量表在开发过程中也结合了 Sheth（1991）、Sweeney 和 Soutar（2001）、Wang 等（2004）使用的量表，同时绿色价值这项还参考了 Scott B. Follows 和 David Jobber（2000）研究消费者对尿布影响环境的态度时所使用的量表，以及 Michel Laroche 等（2001）研究目标顾客是否愿意为绿色产品支付高价问题时所采用的量表。但是由于杨晓燕在开发量表时，去掉了"认知价值"这个维度，因为她认为"许多属于绿色产品的日常用品，技术含量不高，并且消费者对这类产品比较熟悉，认知价值不大"。但是这个推论与过去学者所指出的"绿色产品通常含有很高的科技含量，属于创新性产品"的论断（张连刚，2010）相违背。因此，本章在研究时决定加上认知价值这个维度，这个维度的量表问项选自 Sheth（1991）使用的量表，并进行了相应的翻译。最后，由于本章虚拟的环保型产品与原有产品在产品特性上并无差异，只是价格上有所区别，因此无法体现出功能价值（指产品质量、性能方面的效用），该维度虽然存在，但无法通过本章的实验来进行验证，因此在最终设计量表时，去掉了这个维度。最终形成的"感知价值"的测量量表包括 5 个维度（情感价值、社会价值、绿色价值、认知价值和感知付出），共 17 个题项（参见附录 2）。

其中"情感价值"的测量包括 4 个题项，分别是："当我使用绿色环保瓶时感到很轻松""使用绿色环保瓶让我感觉良好""使用绿色环保瓶能给我带来愉快的感觉""使用绿色环保瓶带给我与大自然和谐相处的感觉"；"社会价值"的测量包括 3 个题项，分别是："使用绿色环保瓶帮我给别人留下好印象""绿色环保瓶可以给我赢得更多的赞许""使用绿色环保瓶帮我树立积极健康的个人形象"；"绿色价值"的测量包括 4 个题项，分别是："使用绿色环保瓶有助于改善生态环境""使用绿色环保瓶会减少对环境的污染""使用绿色环保瓶对社会发展有好处""使用绿色环保瓶有助于提高环保意识"；"认知价值"的测量包括 3 个题项，分别是："通过绿色环保瓶的介绍，我获得了更多有关环境的知识""我对于使用绿色环保瓶充满了新鲜感""我对于绿色环保瓶背后的科技充满了好奇"；"感知付出"的测量包括 3 个题项，分别是："绿色环保瓶的定价比较合理""绿色环保瓶提供了与之价格相符的价值""绿色环保瓶比较经济实惠"。以上各题均要求受访者在一个 5 点量表上对各题目做出判断（1 代表"完全不同意"、2 代表"不同意"、3 代表"部分同意、部分不同意"、4 代表"同意"、5 代表"完全同意"）。

（三）亲环境个人规范的测量

中介变量"亲环境个人规范"的测量选用了 Stern（1999）提出"亲环境个人规范"概念时所采用的量表，由于目前国内学者还没有使用过这个量表，因此本章对量表进行了翻译，并邀请了 3 位教授、5 名博士生以及 5 位消费者对该题项的语言描述进行了测试，之后根据他们的意见进行了相应的调整，最终形成个 9 个题项的量表（参见附录 3），其中包括："政府需要采取更加强硬的手段来清理环境中的有毒物质""我感觉个人有责任通过自己的行动来防止气候的变化""我感到个人有责任通过自己的行动来阻止人们向空气、水和土壤中排放有毒物质""公司和行业需要减少他们的排放以防止气候的变化""政府应该在国际上施加压力以保护热带雨林""政府应该采取更加强硬的手段来减少碳排放和防止全球气候变化""从热带地区进口产品的公司有责任防止这些热带国家的森林遭到破坏""人们应该尽一切努力来防止热带雨林的消失""化学工厂应该有效清理那些排放到环境中的有毒物质"。以上各题均要求受访者在一个 5 点量表上对各题目做出判断（1 代表"完全不同意"、2 代表"不同意"、3 代表"部分同意、部分不同意"、4 代表"同意"、5 代表"完全同意"）。

三、实验一

实验一的目的是探讨外部环保型产品营销信息（产品和环境知识信息、企业社会责任信息和描述性规范信息）对于消费者环保型产品购买意愿的影响，同时也希望通过实验来发掘这三种营销信息之间是否存在交互效应。其中营销信息为自变量，购买意愿为因变量，四个变量的定义如下："产品和环境知识信息"被操作定义为：文章中包含有关目前环境存在什么问题、该产品如何针对这些问题来对环境产生影响、产品本身在材料的选择、生产、包装等环节采用了哪些环保的方式的信息，且受访者需要在阅读后正确回答与产品和环境知识信息相关的问题。"企业社会责任信息"被操作定义为：文章中包含有关企业所履行的有关环境保护方面的社会责任，如企业在环保方面做了哪些事情、具体做法是什么、为社会带来了哪些效益等，同时，受访者需要在阅读后正确回答与企业社会责任信息相关的问题。"描述性规范信息"被操作定义为：文章中包含有关其他消费者如何应对特定环保型产品的信息，同时，受访者需要在阅读后正确回答与描述性规范相关的问题。"购买意愿"被操作定义为：消费者愿意因为某个品牌推出了环保型产品而购买该环保型产品来替代过去消费的该品牌的同类非环保型产品、消费者愿意因为某个品牌推出了环保型产品而购买该环保型产品来替代以往消费的其他品牌的同类非环保型产品以及消费者愿意为环保型产品支付溢价。实验一将验证假设H3-1、H3-2和H3-3。三个假设如下：

H3-1：产品和环境知识信息对消费者环保型产品购买意愿具有正向影响。

H3-2：企业社会责任信息对消费者环保型产品购买意愿具有正向影响。

H3-3：描述性规范信息对消费者环保型产品购买意愿具有正向影响。

（一）实验设计

根据研究目的，实验一采用了2（产品和环境知识信息：有、无）×2（企业社会责任信息：有、无）×2（描述性规范信息：有、无）的实验设计。其中营销信息为自变量，购买意愿为因变量。每个自变量都只有两个水平，即"0"和"1"，"0"表示不提供信息，即文章中没有涵盖相关的信息，而"1"表示提供信息，即文章中包含相关的信息。因变量购买意愿为连续变量，受访者需要在一个5点量表上为购买意愿打分。受访者在阅读了导语之后，受访者需要先阅读一篇短文。短文中传递的产品和环境知识信息是：介绍目前存在的环境问题，同时介绍了一家虚拟的矿泉水企业。该企业推出了一款植物环保瓶的矿泉水，这种瓶子采用30%的植物原料（甘蔗甜渣）结合传统石油原料制造而成，与传统完全依赖石油的PET塑料瓶相比，植物环保瓶减少了对不可再生能源的依赖，而且降低了45%的碳排放量。短文中传递的企业社会责任信息是：企业曾经与多个国际环保组织合作，投入大量资金支持环保项目，并鼓励自己的员工在休息日参与环境组织的活动。同时，该公司还专门成立了环境研发小组，积极研发环保型产品。短文传递的描述性规范信息是：85%的消费者选择了植物环保瓶，且消费者中大部分是年轻人。在阅读了文章之后，受访者需要对自己的购买意愿进行打分。受访者将被随机分配到各个组内，分配到控制组的受访者所看到的文章只简单介绍了企业推出了新的环保型产品，但不涉及上述的三类营销信息；而被分配到实验组的受访者所阅读的文章将相应包含不同的营销信息组合。

本实验选择了长春市的大学生作为研究对象，研究对象的选取主要是考量了以下两方面：一方面因为本章采用了实验法进行研究，因此需要对一些外部变量进行控制（朱滢，2007），如受访者的年龄、受教育程度、月消费水平等，以确保实验结果不受这些外部因素的影响，因此选取在校大学生作为研究对象，就可以保证受访者的年龄、受教育程度等处于相同的水平；另一方面，由于大学生是一个人数庞大的消费群体，也是许多企业的直接目标群体，因此对于其环保型产品消费行为的研究更加具有针对性，也能为企业提供更贴近目标受众的指引。同时，大学生也是中国未来环境保护的希望，政府如果希望调动民众来参与环保行动，那么大学生无疑是一个不能忽略甚至可以成为主力军的群体，因此，从政府的角度来看，选择大学生作为研究对象，也能给政府的环保行动宣传提出更具现实意义的建议。本章为了使样本更具代表性，也邀请了一些 MBA 学员作为受访者加入实验，这些学员都已经步入了社会工作岗位，他们来自各行各业，他们拥有自己的经济收入来源，因此，他们对于环保型产品的感知和体验与大学生会有所差别。此外，MBA学员的加入能够令研究结果更具推广性和实践指导意义。

（二）预实验的过程和结果

预实验挑选了 170 名大学生，在吉林大学的一个阶梯教室内统一完成实验。当所有受访者都进入教室后，将问卷随机发给每位受访者，最终收回 165 份问卷。预实验结果显示，产品和环境知识信息对消费者环保型产品购买意愿的影响是显著的（$t = 2.376$，$p < 0.019$），而企业社会责任信息（$t = 1.475$，$p > 0.142$）和描述性规范信息（$t = 1.308$，$p > 0.193$）对消费者环保型产品购买意愿的影响皆不显著。也就是根据预实验的结果，只有假设 H3 – 1 成立，H3 – 2 和 H3 – 3 都不成立。

（三）深度访谈

根据预实验的结果，企业社会责任信息和描述性规范信息对中国消费者环保型产品的购买意愿都没有显著影响。但是这与之前学者的研究结果之间出现了分歧。根据文献综述部分的结论，企业社会责任信息对产品购买意愿具有正向影响，那么是不是企业社会责任信息应用到环保型产品的购买意愿中就无法发挥作用了呢？同样，以往国外的研究结论发现，描述性规范信息对于环保行为具有正向影响，那么是不是当这个营销信息面对中国消费者时，就无法发挥作用了呢？是真的没有影响，还是实验设计需要调整呢？带着对这些问题的疑惑，我们邀请了10位参加预实验的受访者进行了深度访谈。

深度访谈采用了半结构式访谈。半结构式访谈是在访谈过程中设置一些结构式问题，同时又鼓励受访者用自己的语言自由地探讨一些他们感兴趣的要点（Bernard，1988），这种访谈方式能够让受访者通过自己的语言来描述他们的购买行为和决策过程，同时也能让研究者在必要时发掘更深层次的回答（Miller and Crabtree，1992）。访谈设置的问题包括：您对实验文章中的什么内容印象最深？为什么对这个内容印象最深？您会购买文章中的这款矿泉水吗？如果会/不会，为什么？每个受访者的访谈时间为10～15分钟。通过与受访者的交流发现，10位受访者中有6人对产品和环境知识信息有印象、2人对企业社会责任信息有印象、1人对描述性规范信息有印象，还有1人被分配到了控制组，因此没有在文章中看到相应的信息。有些受访者表示没有耐心阅读完整篇文章，也有受访者感到信息量很大，阅读之后也没有印象，还有的受访者在阅读时采用了快速阅读的方法，因此在不经意间就跳过了部分营销信息。这些对营销信息没有印象或者根本没有阅读到营销信息的受访者，即使就没有受到外部环保型产品营销信息的刺激，但是本章在进行预实验数据处理和分析时，无法把这样的受访者甄别出来，也就直接导致了数据结果与以往学者研究的结果不符的现象。那么如何加深受访者对于营销信息的印象且帮助受访者更好地阅读文章呢？如何在数据处理阶段把这些没有受到营销信息刺激的受访者甄别出来呢？本章在正式实验阶段对资料进行了相应的调整。

（四）实验过程

根据受访者的回答，本章仔细分析了短文内容，发现营销信息的出现顺序可能会对受访者造成一定的干扰。在预实验阶段，所有短文中的信息都是按照产品和环境知识信息—企业社会责任信息—描述性规范信息的顺序出现的，也就是受访者首先接触到的信息都是产品和环境知识信息，因此他们对这个信息的印象最深。另外，部分没有耐心的受访者可能仅阅读一小段文章就直接进行下个阶段的选择，没有阅读完整篇文章，或者即使阅读完了，也是对各个信息一扫而过，没有留下深刻的印象，也就是他们的购买意愿没有受到外部环保型产品营销信息的影响。但是目前的实验设计无法将这些没有受到外部环保型产品营销信息刺激的受访者甄别出来。

　　针对上述问题，研究者在正式实验阶段对短文内容进行了两个调整。其一，本章改变了短文中的营销信息出现的顺序，随机打乱了营销信息的排列顺序。也就是同组内的受访者，有些受访者会在短文中先看到产品和环境知识信息，有些受访者则会在短文中先看到描述性规范信息。避免了顺序对受访者的干扰。其二，本章将营销信息进行了分段，在每一段的后面都针对该段内容设置了 1 ~ 2 个单选题，受访者只有认真阅读文章，才能挑选出正确的回答。这样一方面可以在数据处理时，通过选项的正确性来筛选出那些没有阅读文章的受访者，去掉这些无效问卷；另一方面，所有选项的内容都是针对重要的营销信息来设置的，能够再次加深受访者对相应营销信息的印象。

　　正式实验邀请了来自长春市几所高校的大学生和 MBA 学员的参与。正式实验依然是在每个学校的阶梯教室统一进行，由实验员将问卷随机发给所有受访者。实验共发放问卷 1032 份，回收问卷 856 份。之后根据文章中设置的问题选项来剔除那些没有认真阅读文章的受访者问卷，即没有正确回答相关问题的受访者，最终得到的有效问卷为 789 份。其中男生人数为 313 人，占总人数的 40%。

（五）数据分析

　　本章运用了 SPSS 17.0 软件对数据进行处理。分析中使用了 UNIANOVA 方法，其中产品和环境知识信息、企业社会责任信息和描述性规范信息作为因素变量，购买意愿作为因变量，分别考察了三个因素对因变量的主效应和交互效应。方差分析结果如表 3 - 3 所示。结果显示，产品和环境知识信息对购买意愿具有显著影响（F = 55.318，sig = 0.000）、企业社会责任信息对购买意愿具有显著影响（F = 14.069，sig = 0.000）、描述性规范信息对于购买意愿具有显著影响（F = 19.040，sig = 0.000），即假设 H3 - 1、H3 - 2 和 H3 - 3 成立。但同时数据也显示，当仅有两个因素存在时，其两者之间的协同效应对于购买意愿的影响是不显著的，即两个因素之间不存在协同效应。从购买意愿的均值来看，产品和环境知识信息对应的购买意愿均值最高（M = 3.7），其他两个因素对应的购买意愿均值相等（M = 3.5）。另外，偏 Eta 方的数据显示，产品和环境知识信息所对应的偏 Eta 方为 0.166，企业社会责任信息所对应的偏 Eta 方为 0.118，描述性规范所对应的偏 Eta 方为 0.124。偏 Eta 方属于效果量的一种，它能够用来解释样本中自变量的效果，这个数值越大，说明自变量的效果就越大，自变量对因变量越重要（权朝鲁，2003）。因此，数据结果显示，三种营销信息中，产品和环境知识信息对于购买意愿的影响效果最大，其次是描述性规范信息，最后是企业社会责任信息。

表 4 - 3　　　　　　　　　　实验一的方差分析结果

数据来源	F	sig	偏 Eta 方
产品和环境知识信息	55.318	0.000	0.166
企业社会责任信息	14.069	0.000	0.118
描述性规范信息	19.040	0.000	0.124
产品和环境知识信息 × 企业社会责任信息	0.122	0.727	0.000
产品和环境知识信息 × 描述性规范信息	0.733	0.392	0.001
企业责任 × 描述性规范信息	1.219	0.270	0.002

（六）实验结果分析和讨论

通过实验一的结果可以发现，三种外部环保型产品营销信息（产品和环境知识信息、企业社会责任信息和描述性规范信息）均能对中国消费者的环保型产品购买意愿产生正向影响。其中，产品和环境知识信息对购买意愿的影响效果最大，描述性规范信息其次，企业社会责任信息的影响效果相对最小。此外，数据也显示，每两个营销信息之间并不存在协同效应。也就是说，每种营销信息都能激发消费者对于环保型产品的购买意愿，同时，信息之间不存在相互的协同效应。

上述实验结果对于环保行为在中国的研究和国际上有关环保行为的研究都具有极大的推动作用。首先，结果证明了产品和环境知识信息对于环保型产品购买意愿的正向影响作用。特别要强调的是，以往学者在研究环境知识时，多是研究消费者本来就拥有的环境知识对于购买意愿的影响。但是本章的产品和环境知识信息是指消费者获取的与环境和环保相关的产品知识，这些知识是消费者本来不完全了解的，尤其是企业的环保型产品如何解决环境问题的相关知识，这些知识需要通过企业的营销宣传来传递给消费者。这个研究结论让企业在未来的环保型产品营销中，可以更加坚定地分享产品的环境知识，也让政府在环保行动的宣传中，可以更加重视对于环境知识的宣传，尤其是某个特定的环保行动能够解决环境中哪些特定问题的宣传。其次，本章创新性地将企业社会责任信息与环保型产品的购买意愿结合在一起进行研究，而实验结果显示，企业社会责任信息对于环保型产品的购买意愿具有显著影响。这个结论同时拓宽了企业社会责任和环保行为的研究范畴，也让希望在环保产品市场找到一席之地的企业意识到，企业需要重视自己的形象建立，企业自身对环保行动的投入将有助于其环保型产品的销售。但前提是，企业需要将自己在环保方面履行的社会责任有效地传递给消费者。再次，本章将描述性规范信息引入了中国消费者的环保型产品购买意愿的研究中，实验结果证实这个对外国消费者的环保行动具有影响的自变量，对于中国消费者同样奏效，且其效果高于企业社会责任信息。这个结论不仅为现有的环保型产品购买意愿的研究发掘了更多的可能性，也让企业在丰富环保型产品营销的道路上找到了新的方向。最后，由于实验结果显示，每两种营销信息之间并不存在协同效应，因此，企业可以根据自己的营销手段和渠道的不同，来选择各种营销信息进行宣传即可，无须特意将两种营销信息结合在一起进行宣传。

四、实验二

实验二旨在实验一的研究结果基础上，进一步探究外部环保型产品营销信息是如何影响购买意愿的，即探讨感知价值和亲环境个人规范在营销信息和购买意愿之间的中介作用。实验中，三个外部环保型产品营销信息为自变量，购买意愿为因变量，感知价值和亲环境个人规范为中介变量。研究希望通过实验验证以下三点内容：第一，外部环保型产品营销信息能够激活感知价值和亲环境个人规范；第二，感知价值和亲环境个人规范能够对中国消费者环保型产品购买意愿产生影响；第三，感知价值和亲环境个人规范在外部环保型产品营销信息和购买意愿之间起中介作用。此外，研究还将分析感知价值的各个维度，证实消费者对于环保型产品的感知价值中存在绿色价值和认知价值的维度。其中感知价值被定义为：感知价值是消费者对感知到的获得与付出进行权衡取舍之后，对产品的效用做出的总体性评价。感知价值包含 5 个维度，分别是情感价值、社会价值、绿色价值、认知价值和感知付出。亲环境个人规范被定义为：通过内化的对环境的责任意识而执行的非正式的义务。实验二将验证的假设如下。

H3 - 4：产品和环境知识信息对感知价值具有正向影响。

H3 - 5：企业社会责任信息对感知价值具有正向影响。

H3 - 6：描述性规范信息对感知价值具有正向影响。

H3 - 7：产品和环境知识信息对亲环境个人规范具有正向影响。

H3 - 8：企业社会责任信息对亲环境个人规范具有正向影响。

H3 - 9：描述性规范信息对亲环境个人规范具有正向影响。

H3 - 10：感知价值对消费者环保型产品购买意愿具有正向影响。

H3 - 11：亲环境个人规范对消费者环保型产品购买意愿具有正向影响。

H3 - 12：感知价值在环保型产品营销信息与购买意愿之间起中介作用。

    H3 - 12a：感知价值在产品和环境知识信息与购买意愿之间起中介作用。

    H3 - 12b：感知价值在企业社会责任信息与购买意愿之间起中介作用。

    H3 - 12c：感知价值在描述性规范信息与购买意愿之间起中介作用。

H3 - 13：亲环境个人规范在环保型产品营销信息与购买意愿之间起中介作用。

    H3 - 13a：亲环境个人规范在产品和环境知识信息与购买意愿之间起中介作用。

H3－13b：亲环境个人规范在企业社会责任信息与购买意愿之间起中介作用。

H3－13c：亲环境个人规范在描述性规范信息与购买意愿之间起中介作用。

（一）实验设计

实验一的结果显示，三种营销信息之间不存在协同效应，因此本章在实验二阶段设计了三个小的单因素实验。即每个实验仅有一个因素发生了变化，其余因素保持不变。

第1个小实验需要考察产品和环境知识信息对于感知价值和亲环境个人规范的激活作用、感知价值和亲环境个人规范对购买意愿的影响作用以及感知价值和亲环境个人规范在产品和环境知识信息与购买意愿之间的中介作用。因此，实验中的短文仅包含/不包含产品和环境知识信息（短文中不包含其他两种营销信息），短文关于产品和环境知识信息的描述与实验一中的短文内容相同，并也在描述后设置了选择题。受访者需要在阅读文章之后在一个5点量表上对自己的购买意愿进行打分。同时，受访者还需要完成相应的感知价值和亲环境个人规范的5点量表。其中感知价值量表包含5个维度、17个题项，亲环境个人规范量表包含9个题项。

第2个小实验需要考察企业社会责任信息对于感知价值和亲环境个人规范的激活作用、感知价值和亲环境个人规范对购买意愿的影响作用以及感知价值和亲环境个人规范在企业社会责任信息与购买意愿之间的中介作用。因此，实验中的短文仅包含/不包含企业社会责任信息（短文中不包含其他两种营销信息），短文关于企业社会责任信息的描述与实验一中的短文内容相同，并也在描述后设置了选择题。受访者需要在阅读文章之后在一个5点量表上对自己的购买意愿进行打分。同时，受访者还需要完成相应的感知价值和亲环境个人规范的5点量表。量表内容与第1个小实验相同。

第3个小实验需要考察描述性规范信息对于感知价值和亲环境个人规范的激活作用、感知价值和亲环境个人规范对购买意愿的影响作用以及感知价值和亲环境个人规范在描述性规范信息与购买意愿之间的中介作用。因此，实验中的短文仅包含/不包含描述性规范信息（短文中不包含其他两种营销信息），短文关于描述性规范信息的描述与实验一中的短文内容相同，并也在描述后设置了选择题。受访者需要在阅读文章之后在一个 5 点量表上对自己的购买意愿进行打分。同时，受访者还需要完成相应的感知价值和亲环境个人规范的 5 点量表。量表内容与第 1 个小实验相同。

（二）实验过程

由于实验二的整个过程与实验一基本相同，仅多设置了一个步骤，即要求受访者填写感知价值和亲环境个人规范的量表，而本章所采用的量表均为成熟量表，经过了专家学者的反复敲定，剔除了一些不符合中国国情的题项和内容，因此可以充分囊括所要测量的内容，具有较好的效度。所以本章在实验二阶段没有进行预实验，直接进行了正式实验。

正式实验的受访者来自长春市几所高校的大学生以及一些 MBA 学员。每个小实验邀请了 150 位受访者参与，实验在固定的教室内统一完成，问卷被随机发给每一位受访者。整个实验过程基本与实验一相同，即要求受访者先阅读文章，之后，在一个 5 点量表上对自己的购买意愿进行打分，随后完成感知价值和亲环境个人规范的量表，也需要在一个 5 点量表上打分。

（三）数据分析

（1）第 1 个小实验的数据分析结果。

量表信度分析：研究首先运用了 SPSS 17.0 进行数据的信度检验。量表的信度主要采用 Cronbach α 值作为判断标准，Peterson（1994）建议 Cronbach α 高于 0.7 为可接受。如表 3-4 所示，感知价值包括 5 个维度，每个维度的 Cronbach α 的值均高于 0.7，因此可以说感知价值的量表具有了良好的信度。之后，我们又对亲环境个人规范量表进行检验，结果显示亲环境个人规范量表包含 9 个题项，Cronbach α 的值为 0.917，也具有良好的信度。

表 3 - 4 感知价值量表各维度的信度系数

项目	信度分析	
	项目数	Cronbach α
情感价值	4	0.917
社会价值	3	0.907
绿色价值	4	0.895
认知价值	3	0.843
感知付出	3	0.78

主效应分析：第 1 个小实验最终得到的有效问卷为 126 份，其中，男生人数为 47 人，占总人数的 37%。为了进行主效应检验，本章构建了 3 个回归方程，从而对数据进行回归分析，其中，产品和环境知识信息为自变量 (X_1)，购买意愿为因变量 (Y)，感知价值为中介变量 (M_1)，亲环境个人规范为中介变量 (M_2)。构建的方程如下：

$$Y = c_1 X_1 + e_1 \tag{3.1}$$

$$M_1 = a_1 X_1 + e_2 \tag{3.2}$$

$$M_2 = a_2 X_1 + e_3 \tag{2.3}$$

方程 (3.1) 用以检验自变量 X_1 对因变量 Y 的影响作用。数据结果显示，系数 c_1 值为 0.267，且系数显著 (t = 7.769，Sig = 0.000)，因此，自变量产品和环境知识信息对因变量购买意愿具有显著的正向影响。方程 (3.2) 用以检验自变量 X_1 对中介变量 M_1 的影响作用。数据结果显示，系数 a_1 值为 0.129，且系数显著 (t = 3.659，Sig = 0.000)，因此自变量产品和环境知识信息对中介变量感知价值具有显著的正向影响，假设 H3 - 4 成立。方程 (3.3) 用以检验自变量 X_1 对中介变量 M_2 的影响作用。数据结果显示，系数 a_2 值为 0.183，且系数显著 (t = 5.222，Sig = 0.000)，因此自变量产品和环境知识信息对中介变量亲环境个人规范具有显著的正向影响，假设 H3 - 7 成立。

中介效应检验：为了进行中介效应检验，本章构建了 2 个回归方程，从而对数据进行回归分析，其中，产品和环境知识信息为自变量 (X_1)，购买意愿为因变量 (Y)，感知价值为中介变量 (M_1)，亲环境个人规范为中介变量

（M_2）。构建的方程如下：

$$Y = c'_1 X_1 + b_1 M_1 + e_4 \qquad (3.4)$$

$$Y = c'_2 X_1 + b_2 M_2 + e_5 \qquad (3.5)$$

方程（3.4）用以检验中介变量 M_1 的中介作用。数据结果显示，系数 c'_1 值为 0.234，且系数显著（$t = 7.001$，$Sig = 0.000$），系数 b_1 值为 0.251，且系数显著（$t = 7.483$，$Sig = 0.000$）。因此中介变量感知价值对购买意愿具有显著的正向影响，假设 H3 – 10 成立。同时，感知价值在产品和环境知识信息与购买意愿之间起中介作用，因此假设 H3 – 12a 成立。方程（3.5）用以检验中介变量 M_2 的中介作用。数据结果显示，系数 c'_2 值为 0.238，且系数显著（$t = 6.898$，$Sig = 0.000$），系数 b_2 值为 0.158，且系数显著（$t = 4.567$，$Sig = 0.000$）。因此中介变量亲环境个人规范对购买意愿具有显著的正向影响，假设 H3 – 11 成立。同时，亲环境个人规范在产品和环境知识信息与购买意愿之间起中介作用，因此假设 H3 – 13a 成立。

绿色价值和认知价值与购买意愿的相关性：本章对感知价值的各个维度和购买意愿之间进行了相关性的分析，分析结果见表 3 – 5。数据显示，感知价值的每个维度均与购买意愿正向相关，其中，认知价值与购买意愿的相关系数最高，其次是社会价值和情感价值，感知付出的相关性最低。基于此可以看出，环保型产品感知价值中的认知价值和绿色价值也能影响对购买意愿产生影响。中国消费者的环保型产品购买意愿与他们对环保型产品的绿色价值和认知价值的感知都具有正向相关性。

表 3 – 5　　　　　感知价值各个维度与购买意愿的相关性数据

		购买意愿	情感价值	社会价值	感知付出	绿色价值	认知价值
购买意愿	Pearson 相关性	1	0.219**	0.226**	0.207**	0.213**	0.249**
	显著性（双侧）		0.000	0.000	0.000	0.000	0.000

注：** 表示在 5% 水平上显著相关。

（2）第 2 个小实验的数据分析结果。

主效应分析：第 2 个小实验最终得到的有效问卷为 128 份，其中，男生人数为 51 人，占总人数的 40%。为了进行主效应检验，本章构建了 3 个回归方程，从而对数据进行回归分析，其中，企业社会责任信息为自变量（X_2），购买意愿为因变量（Y），感知价值为中介变量（M_1），亲环境个人规范为中介变量（M_2）。构建的方程如下：

$$Y = c_2 X_2 + e_6 \tag{3.6}$$

$$M_1 = a_3 X_2 + e_7 \tag{3.7}$$

$$M_2 = a_4 X_2 + e_8 \tag{3.8}$$

方程（3.6）用以检验自变量 X_2 对因变量 Y 的影响作用。数据结果显示，系数 c_2 值为 0.153，且系数显著（t = 4.331，Sig = 0.000），因此自变量企业社会责任信息对购买意愿具有显著的正向影响。方程（3.7）用以检验自变量 X_2 对中介变量 M_1 的影响作用。数据结果显示，系数 a_3 值为 0.102，且系数显著（t = 2.872，Sig = 0.004），因此自变量企业社会责任信息对中介变量感知价值具有显著的正向影响，假设 H3 - 5 成立。方程（3.8）用以检验自变量 X_2 对中介变量 M_2 的影响作用。数据结果显示，系数 a_4 值为 0.15，且系数显著（t = 4.261，Sig = 0.000），因此自变量企业社会责任信息对中介变量亲环境个人规范具有显著的正向影响，假设 H3 - 8 成立。

中介效应检验：为了进行中介效应检验，本章构建了 2 个回归方程，从而对数据进行回归分析，其中，企业社会责任信息为自变量（X_2），购买意愿为因变量（Y），感知价值为中介变量（M_1），亲环境个人规范为中介变量（M_2）。构建的方程如下：

$$Y = c'_3 X_2 + b_3 M_1 + e_9 \tag{3.9}$$

$$Y = c'_4 X_2 + b_4 M_2 + e_{10} \tag{3.10}$$

方程（3.9）用以检验中介变量 M_1 的中介作用。数据结果显示，系数 c'_3 值为 0.125，且系数显著（t = 3.671，Sig = 0.000），系数 b_3 值为 0.268，且系数显著（t = 7.86，Sig = 0.000），因此中介变量感知价值对购买意愿具有显著的正向影响。同时，感知价值在企业社会责任信息与购买意愿之间起中介作用，因此假设 H3 - 12b 成立。方程（3.10）用以检验中介变量 M_2 的中介作用。数据结果显示，系数 c'_4 值为 0.125，且系数显著（$t = 3.57$，$Sig = 0.000$），系数 b_4 值为 0.182，且系数显著（$t = 5.203$，$Sig = 0.000$），因此中介变量亲环境个人规范对购买意愿具有显著的正向影响。同时，亲环境个人规范在企业社会责任信息与购买意愿之间起中介作用，因此假设 H3 – 13b 成立。

（3）第 3 个小实验的数据分析结果。

主效应分析：第 3 个小实验最终得到的有效问卷为 137 份，其中，男生人数为 63 人，占总人数的 46%。为了进行主效应检验，本章构建了 3 个回归方程，从而对数据进行回归分析，其中，描述性规范信息为自变量（X_3），购买意愿为因变量（Y），感知价值为中介变量（M_1），亲环境个人规范为中介变量（M_2）。构建的方程如下：

$$Y = c_3 X_3 + e_{11} \tag{3.11}$$

$$M_1 = a_5 X_3 + e_{12} \tag{3.12}$$

$$M_2 = a_6 X_3 + e_{13} \tag{3.13}$$

方程（3.11）用以检验自变量 X_3 对因变量 Y 的影响作用。数据结果显示，系数 c_3 值为 0.161，且系数显著（$t = 4.587$，$Sig = 0.000$），因此自变量描述性规范信息对购买意愿具有显著的正向影响。方程（3.12）用以检验自变量 X_3 对中介变量 M_1 的影响作用。数据结果显示，系数 a_5 值为 0.159，且系数显著（$t = 4.528$，$Sig = 0.000$），因此自变量描述性规范信息对中介变量感知价值具有显著的正向影响，假设 H3 – 6 成立。方程（3.12）用以检验自变量 X_3 对中介变量 M_2 的影响作用。数据结果显示，系数 a_6 值为 0.182，且系数显著（$t = 5.183$，$Sig = 0.000$），因此自变量描述性规范信息对中介变量亲环境个人规范具有显著的正向影响，假设 H3 – 9 成立。

中介效应检验：为了进行中介效应检验，本章构建了 2 个回归方程，从而对数据进行回归分析，其中，企业社会责任信息为自变量（X_3），购买意愿为因变量（Y），感知价值为中介变量（M_1），亲环境个人规范为中介变量（M_2）。构建的方程如下：

$$Y = c'_5 X_3 + b_5 M_1 + e_{14} \tag{3.14}$$

$$Y = c'_6 X_3 + b_6 M_2 + e_{15} \tag{3.15}$$

方程（3.14）用以检验中介变量 M_1 的中介作用。数据结果显示，系数 c'_5 值为 0.12，且系数显著（$t = 3.477$，$Sig = 0.000$），系数 b_5 值为 0.262，且系数显著（$t = 7.61$，$Sig = 0.000$），因此中介变量感知价值对购买意愿具有显著的正向影响。同时，感知价值在描述性规范信息与购买意愿之间起中介作用，因此假设 H3 – 12c 成立。方程（3.15）用以检验中介变量 M_2 的中介作用。数据结果显示，系数 c'_6 值为 0.129，且系数显著（$t = 3.644$，$Sig = 0.000$），系数 b_6 值为 0.178，且系数显著（$t = 5.045$，$Sig = 0.000$），因此中介变量亲环境个人规范对购买意愿具有显著的正向影响。同时，亲环境个人规范在描述性规范信息与购买意愿之间起中介作用，因此假设 H3 – 13c 成立。

（四）　实验结果分析和讨论

实验二通过 3 个单因素小实验的数据结果分析发现，外部环保型产品营销信息（产品和环境知识信息、企业社会责任信息和描述性规范信息）对于感知价值和亲环境个人规范都有激活作用，同时感知价值和亲环境个人规范都能正向影响中国消费者环保型产品的购买意愿，并且感知价值和亲环境个人规范在营销信息和购买意愿之间起中介作用。这也就是验证了研究所提出的理论框架，即外部环保型产品营销信息—感知价值和亲环境个人规范—购买意愿的作用机制。同时，研究发现，感知价值的认知价值维度与购买意愿的相关系数最大，而绿色价值维度也与购买意愿存在正向相关关系，这个结论也进一步证实了消费者对于环保型产品的感知价值中存在绿色感知价值和认知价值。

实验二的研究结论对于现有的规范激活理论具有一定的推动作用。研究结果表明，产品和环境知识信息、企业社会责任信息和描述性规范信息能够让消费者意识到存在的问题（AC）以及自己应该对这个问题负有责任（AR），从而激活消费者内在的亲环境个人规范，提升消费者对于环保型产品的购买愿意。这个创新性的研究再次证实了激活的个人规范对于环保型产品购买意愿具有正向影响，并且从营销信息的视角丰富了个人规范的前因变量，为未来的个人规范研究发掘了新的切入视角。

同时，实验二还将感知价值作为中介变量引入了研究体系中。这个研究结果不仅证实了以往学者所研究发现的产品和环境知识信息以及企业社会责任信息对于感知价值的正向影响作用，同时还为感知价值引入了一个新的前因变量，即描述性规范信息。实验结果显示，描述性规范信息也同样对感知价值具有正向影响。这个结果扩大了感知价值理论的外延，丰富了现有的研究。此外，研究不仅进一步证实了感知价值对于环保型产品购买意愿的正向影响关系，并验证了环保型产品感知价值中的各个维度，包括绿色价值和认知价值，都与购买意愿正向相关，且认知价值与购买意义的相关系数最大，这也为以后学者的研究奠定了基础。

五、实验三

基于实验一的研究结果，实验三引入了他人在场情境，希望深入探讨他人在场情境对消费者环保型产品购买意愿的影响以及他人在场与环保型产品营销信息（产品和环境知识信息、企业社会责任信息和描述性规范信息）之间的协同效应。实验中将"有他人在场情境"界定为：消费者在决定是否购买环保型产品时有该消费者之外的其他人在场。而"无他人在场情境"被界定为：消费者在决定是否购买环保型产品时没有该消费者之外的其他人在场。实验三将验证的假设如下：

H3-14：相比无他人在场情境，有他人在场情境下消费者环保型产品的购买意愿更强。

H3-15：他人在场情境与环保型产品营销信息存在协同效应。

H3-15a：他人在场情境与产品和环境知识信息存在协同效应。

H3-15b：他人在场情境与企业责任信息存在协同效应。

H3-15c：他人在场情境与描述性规范信息存在协同效应。

（一）实验设计

由于实验一的研究结果显示，三个环保型产品营销信息之间没有协同效应，因此，实验三根据研究目的而被分为 3 个小实验，分别考察产品和环境知识信息与他人在场、企业社会责任信息和他人在场以及描述性规范信息与他人在场之间的协同效应。实验的主要研究对象依然是长春市的大学生，同时为了使实验结果更具推广和指导意义，实验也邀请了一些 MBA 学员作为受访者。

第 1 个小实验采用了 2（产品和环境知识信息：有、无）×2（情境：有他人在场、无他人在场）的实验设计，考察产品和环境知识信息与他人在场的协同效应。受访者将阅读一篇包含/不包含产品和环境知识信息的短文（短文中不包含其他两种营销信息），短文关于产品和环境知识信息的描述与实验一中的短文内容相同，并也在描述后设置了选择题。之后，受访者需要在一个 5 点量表上对自己的购买意愿进行打分。如果受访者被分配到有他人在场的情境，会被要求在打分后将自己购买意愿所得分数告诉身边的一位同学，并将该同学的分数写在自己问卷上相应的位置。而被分配到无他人在场情境的受访者，问卷上则没有这个要求。

第 2 个小实验同样采用了 2（企业社会责任信息：有、无）×2（情境：有他人在场、无他人在场）的实验设计，考察企业社会责任信息和他人在场的协同效应。与实验 1 类似，受访者将阅读一篇包含/不包含企业社会责任信息的短文（短文中不包含其他两种营销信息），短文关于企业社会责任信息的描述与实验一中的短文内容相同，并也在描述后设置了选择题。之后受访者需要为自己的购买意愿打分，如果是被分配到有他人在场情境的受访者，受访者依然需要将自己的分数告诉身边的同学并将该同学得分写在自己问卷上相应的位置。

第 3 个小实验也是采用了 2（描述性规范信息：有、无）×2（情境：有他人在场、无他人在场）的实验设计，考察描述性规范信息和他人在场的协同效应。文章内容变为包含/不包含描述性规范信息的短文（短文中不包含其他两种营销信息），短文关于描述性规范信息的描述与实验一中的短文内容相同，并也在描述后设置了选择题。之后受访者依然需要在不同的情境下对自己的购买意愿进行打分。

（二）预实验的过程和结果

由于实验三引入了他人在场情境，其描述方式可能会影响到受访者的最终打分情况。因此，本章依然在正式实验之前，进行了小规模的预实验。3 个小实验的预实验皆在吉林大学完成，每个小实验邀请了 50 名大学生参与，实验依然选择在固定的教室内统一完成。问卷被随机发给每一位受访者。预实验结果显示，他人在场情境对购买意愿具有显著正向影响（$F = 3.21$，$P < 0.001$），他人在场与产品和环境知识信息以及他人在场与企业社会责任信息之间存在协同效应，而他人在场与描述性规范信息之间不存在协同效应。而且他人在场与产品和环境知识信息、企业社会责任之间的协同效应都是反向的。这个反向协同效应的研究结果在之前并没有预料到，为了进一步验证这个结果，本章决定在正式实验阶段采用两种方式来营造他人在场，一种方式是继续沿用预实验中，让受访者将分数告知其他人的方式；另一种方式则采用了情境描述法，即让消费者假象自己身处某一场景之中，之后在这个场景中为自己的购买意愿打分（杜伟强，2012）。

（三）实验过程

正式实验选择在长春市几所大学内进行，每个小实验邀请了 200 名大学生和 MBA 学员参与，实验在固定的教室内统一完成，问卷被随机发给每一位受访者。整个实验过程与预实验相同。受访者依然需要先阅读文章，之后为自己的购买意愿打分。但是正式实验阶段，本章通过两种方法营造他人在场的情境。一种是延续预实验中的做法，即让受访者将自己购买意愿的分数告诉身边的一个同学，并将该同学的分数写在自己问卷上相应的位置。另一种是当受访者阅读文章后，会被要求想象一下自己置身于和朋友一起去超市购买矿泉水（有他人在场）或一个人在家上网购买矿泉水（无他人在场）的情境中，之后，在一个 5 点量表上对自己的购买意愿进行打分。

（四） 数据分析

第 1 个小实验共回收有效问卷 178 份，其中男生人数为 70 人，占总人数的 40%。实验结果显示，产品和环境知识信息对消费者的环保型产品购买意愿具有显著影响（$F = 19.954$，$P < 0.001$，偏 Eta 方 $= 0.203$），他人在场情境对购买意愿具有显著影响（$F = 3.987$，$P < 0.047$，偏 Eta 方 $= 0.122$），同时他人在场与产品和环境知识信息的交互项对于购买意愿也具有显著影响（$F = 7.456$，$P < 0.007$，偏 Eta 方 $= 0.147$），因此 H3 – 14 和 H3 – 15a 成立。根据偏 Eta 方的数值可以看出，他人在场与产品和环境知识信息的交互项对于购买意愿的影响效果高于他人在场对购买意愿的影响效果，但是低于产品和环境知识信息对购买意愿的影响效果。

此外，表 3 – 6 的数据显示，他人在场与产品和环境知识信息的交互项产生的购买意愿均值低于产品和环境知识信息单独作用下产生的购买意愿均值。而从图 3 – 1 也可以看出，虽然采用了两种方法来营造他人在场的情境，但是得出的结论依然与预实验相同，即产品和环境知识信息与他人在场之间存在反向协同效应。也就是说，在有他人在时，"他人在场"抑制了"产品和环境知识信息"信息对于购买意愿的影响作用。

表 3 – 6 产品和环境知识信息 × 他人在场情境的均值和标准误差

产品和环境知识信息	他人在场	均值	标准误差
0	0	3.057	0.100
	1	3.481	0.082
1	0	3.702	0.086
	1	3.636	0.089

第 2 个小实验共回收有效问卷 180 份，其中男生人数为 74 人，占总人数的 41%。实验结果显示，企业社会责任信息对消费者的环保型产品购买意愿具有显著影响（$F = 6.492$，$P < 0.012$，偏 Eta 方 $= 0.136$），他人在场对购买意愿具有显著影响（$F = 6.818$，$P < 0.01$，偏 Eta 方 $= 0.137$），同时他人在场与企业社会责任信息的交互项对于购买意愿也具有显著影响（$F = 4.111$，$P <$

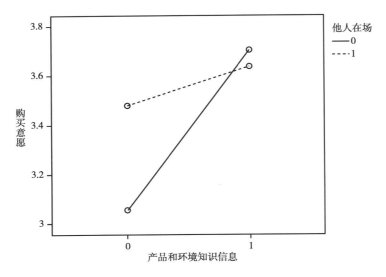

图 3 − 1　购买意愿的估算边际均值

0.044，偏 Eta 方 = 0.123），因此 H3 − 15b 成立。根据偏 Eta 方的数值可以看出，他人在场与企业社会责任信息的交互项对于购买意愿的影响效果低于企业社会责任信息、他人在场单独作用时对购买意愿的效果。此外，如表 3 − 7 所示，他人在场与企业社会责任信息的交互项产生的购买意愿均值高于他人在场或企业社会责任信息单独作用下产生的购买意愿均值。而从图 3 − 2 可以看出，企业社会责任信息与他人在场之间同样存在反向协同效应。也就是说，在有他人在场的情境中，"他人在场"抑制了"企业社会责任信息"对于购买意愿的影响作用。

表 3 − 7　　企业社会责任信息 × 他人在场情境的均值和标准误差

企业社会责任	他人在场	均值	标准误差
0	0	3.057	0.102
	1	3.481	0.084
1	0	3.475	0.095
	1	3.528	0.083

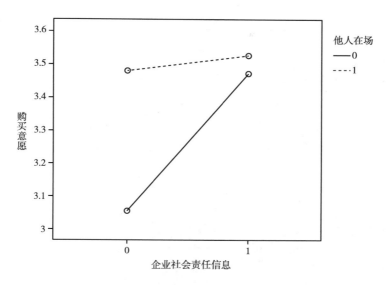

图 3 - 2　购买意愿的估算边际均值

第 3 个小实验共回收有效问卷 189 份，其中男生人数为 86 人，占总人数的 46%。实验结果显示，描述性规范信息对消费者的环保型产品购买意愿具有显著影响（F = 5.839，P < 0.017，偏 Eta 方 = 0.131），他人在场对购买意愿具有显著影响（F = 15.212，P < 0.001，偏 Eta 方 = 0.176），但是他人在场与描述性规范信息的交互项对于购买意愿不存在显著影响（F = 0.335，P > 0.563），即假设 H3 - 15c 不成立。如偏 Eta 方的数值显示，他人在场对于购买意愿的影响效果大于描述性规范信息对购买意愿的效果。从图 3 - 3 也可以看出，他人在场与描述性规范信息之间不存在协同效应。也就是说，当有他人在场情境中，"他人在场"不会抑制"描述性规范"信息对于购买意愿的影响作用。

表 3 - 8　　描述性规范信息 × 他人在场情境的均值和标准误差

描述性规范信息	他人在场	均值	标准误差
0	0	3.057	0.108
	1	3.481	0.089
1	0	3.340	0.093
	1	3.655	0.086

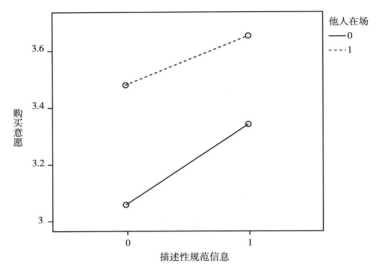

图 3 - 3　购买意愿的估算边际均值

（五）　实验结果分析和讨论

实验三的结果显示，他人在场情境对于消费者的环保型产品购买意愿具有显著影响。对于这个结论，本章基于以往的文献研究来给予两个重要的解释。第一，他人在场能够对消费者产生"他人在场"压力：由于有自己之外的他人而感觉到某种约束力去做正确的行为或做不错误的行为（刘湘宁，2005），即社会学中的"群体压力"，在这种外部压力下，消费者更加觉得自己应该去做一件正确的事情，即购买环保型产品，因此消费者的环保型产品购买意愿会得到提升。第二，他人在场还能激发消费者的"地位"需求（Griskevicius et al.，2010），在中国有一个特定的词语来解释这种需求，即"面子"需求。刘继富（2008）将面子定义为个体借由行为或社会性资源展现其自我价值，寻求他人的确认且受到意外的认同时，凸现个体内心的自我价值与相应体验。也就是说，消费者只有在有自己之外的他人在场时，才会为了追求和确认这种他人的评价，而产生现实的"面子"需求。而国外有学者也通过研究证实，消费者会为了得到他人的认可和尊重、展现自己的购买能力以及提升自己的社会地位而购买环保型产品（Goldstein，Cialdini and Griskevicius，2008）。因此，当有他人在场时，消费者希望通过购买环保型产品来提升自己的社会地位，其购买意愿得到提升。

同时，实验三还发现他人在场与产品和环境知识信息之间存在反向协同效应，他人在场与企业社会责任信息之间也存在反向协同效应，但是他人在场和描述性规范信息之间不存在协同效应。对于这个意料之外的结果，本章进行了更加深入的探讨和研究。并试图从心理学的角度来分析和解释这个结果的出现。英国著名心理学家 Broadbent（1958）提出了"过滤器模型"理论，该理论认为来自外界的信息是大量的，人的感觉通道接受信息的能力以及高级中枢加工信息的能力是有限的，因而对外界大量的信息需要进行过滤和调节。章志光（2004）也在论述"过滤器模型"时提出，注意犹如一个过滤器，它在信息加工过程中对输入的信息起筛选的作用，以防止信息传送通道因通过能力有限而超载。也就是说，当消费者接受一些信息之后，会经过一个"注意"过滤器的筛选，有些信息能够通过筛选而对消费者产生影响，有些信息则无法通过这个过滤器，也就是最终无法影响消费者。

因此，本章认为"他人在场情境"会启动"注意"这个过滤器，而启动之后的过滤器能够对消费者所接收到的环保型产品营销信息产生过滤作用，即当他人在场情境启动"注意"时，人们的注意会被分散，只有和这个情境匹配的信息才能通过筛选，对消费者的购买意愿产生作用。按照这种推论，本章所涉及的三类信息中，产品和环境知识信息以及企业社会责任信息都与他人在场情境不匹配，因此，在这种特定情境下，消费者的注意力会被分散，会选择忽略之前所获得的营销信息，也就是他人在场抑制了信息的表达，从而导致出现反向协同效应。而描述性规范信息是指消费者获得的有关在特定情境下大多数人会如何开展行动的信息，也就是有关"他人"的信息描述，故而这个信息能够与他人在场情境建立匹配关系，因此通过了过滤器的筛选，对购买意愿产生了营销，没有出现反向协同效应。

实验三的研究结论对于企业进行环保型产品营销具有很强的指导作用。根据实验三的结论，企业在进行环保型产品营销规划时，可以在销售终端，如商场、卖场和零售店多安排一些营销人员，这样当消费者购买产品时，能够营造"他人在场"的情境。同时由于部分营销信息与他人在场之间存在反向交互作用，因此营销人员在进行产品介绍时，应该根据消费者是一个人单独购买还是和他人一起购买来选择与之匹配的营销信息进行传递，从而实现最好的效果。

通过实验一、实验二和实验三，本章的研究验证了外部环保型产品营销信息对于环保型产品购买意愿的影响作用、外部环保型产品营销信息对于感知价值和亲环境个人规范的影响作用、感知价值和亲环境个人规范对于环保型产品购买意愿的影响作用、感知价值和亲环境个人规范在外部环保型产品营销信息和购买意愿之间的中介作用以及他人在场对购买意愿的影响和他人在场与营销信息的协同效应。

第五节　理论贡献和启示

一、理论贡献

本章基于规范激活理论，研究了外部环保型产品营销信息——内在感知价值和亲环境个人规范——购买意愿的作用路径，并引入了他人在场情境，研究了他人在场情境下外部环保型产品营销信息对于购买意愿的影响。本章的结论对于环保型产品消费行为、规范激活理论和感知价值的研究都具有一定推动和深化的作用。

首先，从环保行为的研究来看，本章一方面验证了产品和环境知识信息对于中国消费者环保型产品购买意愿的影响。同时要特别注意的是，本章涉及的产品和环境知识信息与以往学者研究的环境知识有所不同，以往学者的研究属于一个大的范畴，而且是消费者本来具有的环境知识。而本章涉及的产品和环境知识信息主要是指消费者获取的与环境和环保相关的产品知识。它是消费者本来不完全了解的，尤其是企业的环保型产品如何解决环境问题的相关知识，这些知识需要通过企业的营销宣传来传递给消费者。因此，从这个角度来看，本章引入的产品和环境知识信息对于环保行为的研究也是一个新的前因变量。此外，本章在环保行为研究方面还有两点创新：其一，将企业社会责任信息引入了环保型产品的购买意愿研究中。之前已有学者将企业社会责任作为产品购买意愿的前因变量进行研究，但是少有学者将其引入环保型产品的研究中。而研究结果证实，企业社会责任信息对于环保型产品的购买意愿具有正向影响，这个结论不仅能推动环保行为的研究，也能深化企业社会责任的研究。其二，本书还将描述性规范信息引入了中国。在此之前，国外一些学者已经通过描述性规范信息来研究消费者的环保行为，但是在中国学术界，很少有学者进行这方面的研究，本章通过实验证实了描述性规范信息对于中国消费者环保型产品购买意愿的影响，这个结论为中国环保行为的研究引入了新的前因变量，扩大了目前的研究范围。

其次，从感知价值的研究来看，本章一方面证实了杨晓燕（2006）提出的环保型产品的感知价值中包含绿色价值维度的结论，并补充了杨晓燕的研究结论，发现环保型产品感知价值中的认知价值存在，并且其与购买意愿的相关性最高。这个结论为未来学者们对感知价值的研究奠定了基础。另一方面，本章还通过数据验证了外部环保型产品营销信息，即产品和环境知识信息、企业社会责任和描述性规范的信息能够提升消费者内在对于环保型产品的感知价值。因此，本章不仅验证了产品和环境知识信息以及企业社会责任信息对于感知价值的影响，同时还为感知价值引入了一个新的前因变量：描述性规范信息，这就为学者们未来关于感知价值的研究发掘了一个新的切入点。

再次，本章将规范激活理论运用在环保型产品购买意愿的研究分析中，通过数据验证了规范激活理论，即被激活的个人规范能够影响个人的行为。本章的实验结果显示，亲环境个人规范对于中国消费者环保型产品的购买意愿具有正向影响。同时，研究还拓宽了规范激活理论的研究范畴，为规范激活理论引入了新的前因变量。研究发现，外部环保型产品营销信息，即产品和环境知识信息、企业社会责任和描述性规范的信息能够提升消费者内在亲环境个人规范，这就为未来学者的研究提供了新的方向。

最后，本章还根据国外学者的研究理论以及结合中国消费者的实际情况，引入了他人在场情景，并通过研究证明他人在场对于环保型产品购买意愿存在显著影响，且他人在场能够与产品和环境知识、企业社会责任信息产生反向协同作用。同时，本章开创性地运用信息处理的过滤器模型来解释他人在场与营销信息之间的反向协同作用，为未来学者在绿色产品营销信息的研究方面提供了更加广阔的研究视角。

二、针对企业的营销启示

中国的环境保护行动还处于萌芽阶段，中国消费者对于环境保护以及环保产品的概念和理解还不太深入，这对于希望推出环保型产品的企业来说其实是一个机会。企业可以通过本章所构建的环保型产品购买意愿的作用机制模型来营销和推广自己的环保产品，从而提升消费者购买意愿。具体来说，基于本书的实验研究结论，企业在进行环保型产品营销时要特别注意以下四点。

第一，本章发现企业社会责任信息对于中国消费者环保型产品的购买意愿具有正向影响，这不仅对渴望推出环保型产品的企业具有指导作用，也具有警示作用。企业需要先树立好自己的企业形象，要勇于承担自己的社会责任，尤其是要多参加环境保护方面的工作。同时，企业也需要将自己在企业社会责任方面所做的事情通过多种渠道传递给消费者，让消费者在购买之前就对企业所承担的社会责任有所了解，这样消费者才会更加信任这个企业，消费者对于企业推出的环保型产品的感知价值才会更高、消费者内在的亲环境个人规范也会越强烈，而这些都将提升消费者对于环保型产品的购买意愿。同样，如果企业本身的形象不好，企业从不履行环境保护方面的责任，甚至还会在生产过程中破坏环境，那么消费者对于该企业的环保产品的购买意愿就无法得到提升。第二，针对环保型产品所蕴涵的产品和环境知识信息，企业需要通过各种营销手段传递给消费者，让消费者了解产品背后的故事，如环保型产品的研发过程、产品蕴涵哪些环保方面的高科技、产品包含哪些特殊成分、产品包装如何回收等，因为产品和环境知识信息不仅能提升消费者的感知价值，同时也有助于激活消费者的亲环境个人规范，而这两者对于消费者环保型产品的购买意愿具有显著的正向影响。此外，有些企业在进行环保知识宣传时，仅注重自身产品的宣传，而缺少了产品与环境的链接。企业应该在营销时，强调产品与环境的联系，介绍相关的环境知识以及企业所推出的产品如何解决这些问题。这样的联系能进一步提升消费者感知价值和亲环境个人规范，进而提升消费者的环保型产品购买意愿。第三，企业在进行环保型产品营销时，可以借助一些描述性规范信息的力量，因为研究结果显示，描述性规范信息能够提升消费者对环保型产品的感知价值并激活消费者的亲环境个人规范，而这两点对于消费者环保型产品的购买意愿具有显著的正向影响，但是企业在进行环保产品营销时，往往会忽略这个重要信息。第四，由于研究结果显示，他人在场情境能够显著影响消费者环保型产品的购买意愿，因此企业在进行环保型产品营销规划时，可以在销售终端，如商场、卖场和零售店多安排一些营销人员，这样当消费者购买产品时，能够营造"他人在场"的情境。同时由于部分营销信息与他人在场之间存在反向交互作用，因此营销人员在进行产品介绍时，应该根据消费者是一个人单独购买还是和他人一起购买来选择与之匹配的营销信息进行传递，从而实现最好的效果。

三、针对政府的营销启示

同时，正如本书在文献综述中所提到的，购买环保产品只是环保行动中的一个部分，虽然本书没有涉及其他类型的环保行动，但是本书所构建的框架对于政府营销和推广环保行动也有一定的借鉴作用。随着中国环境问题不断涌现，可以预见未来政府将越来越多地推出各种环保行动，并倡导公众参与到各种环保行动中来，在政府推广环保行动和环保政策时，需要注意以下几个方面。

首先，政府需要先树立自己的形象，多勇于承担环境保护方面的工作，让公众看到政府在改善环境方面的决心和投入，提升公众对于政府的信任。尤其是针对某个特定的环保行动的宣传，政府可以先号召自己内部的公务员参与到环保行动中来，让公众看到政府也在履行环境责任，这样有助于激发公众内在的个人规范以及提升公众对于特定环保行动的感知价值。其次，当政府号召民众参与某个环保行动时，政府在宣传中需要将该行动与环境结合在一起，指出环境中存在的问题以及这个行动能够如何解决这些问题，这样公众就获得了更多有关该行动以及环境的知识，这些知识能够提升公众对于该行动的感知价值以及公众的亲环境个人规范，从而提升他们参与行动的意愿。同时，政府在进行环境问题的宣传时，应该从环保行动对环境的积极作用以及不采取环保行动会对未来环境和公众自身造成哪些影响这两方面进行宣传，这样不仅能提升公众对于环保行动的感知价值，也能激活公众的亲环境个人规范，让公众从内心感到自己对这些环保行动负有责任，引起公众对环保行动的共鸣，最终提升他们参与环保行动的意愿。最后，政府在进行环保行动宣传时，可以借用一些有感染力、震撼力的描述性规范信息。因为研究结果显示，这种信息在能够有效地激活公众的亲环境个人规范以及提升公众对于该行动的感知价值，并最终提升他们参与环保行动的意愿。

第四章 新能源汽车购买行为的解读

第一节 研究介绍

新能源汽车行业是近几年得到政府和企业密切关注的行业。十九大报告中指出："……加快建设制造强国，加快发展先进制造业，推动互联网、大数据、人工智能和实体经济深度融合，在中高端消费、创新引领、绿色低碳、共享经济、现代供应链、人力资本服务等领域培育新增长点、形成新动能。"报告中还提出："推进绿色发展。加快建立绿色生产和消费的法律制度和政策导向，建立健全绿色低碳循环发展的经济体系。构建市场导向的绿色技术创新体系，发展绿色金融，壮大节能环保产业、清洁生产产业、清洁能源产业。推进能源生产和消费革命，构建清洁低碳、安全高效的能源体系。推进资源全面节约和循环利用，实施国家节水行动，降低能耗、物耗，实现生产系统和生活系统循环链接。倡导简约适度、绿色低碳的生活方式，反对奢侈浪费和不合理消费，开展创建节约型机关、绿色家庭、绿色学校、绿色社区和绿色出行等行动。"2017年4月，由工业和信息化部、国家发展改革委员会和科技部印发的《汽车产业中长期发展规划》中指出："要加快新能源汽车技术研发及产业化……加大新能源汽车推广应用力度……到2020年，新能源汽车年产销达到200万辆。"

由此可以看出，新能源汽车作为中国未来的一个重点发展行业，受到越来越多的企业的青睐。目前，许多中国汽车制造商，如比亚迪、北汽等都已经率先进入了新能源汽车领域。同时，许多外资企业品牌的新能源汽车也开始涌入中国市场，如宝马、特斯拉等。因此，企业们需要了解消费者的新能源汽车购买行为的特征以及影响因素，进而为未来更好地推广新能源汽车做好准备。

从消费者的角度来看，政府的政策为人们购买新能源汽车提供了良好的支持。财政部、国家税务总局、工信部、科技部共同发布的《关于免征新能源汽车车辆购置税的公告》明确，自 2018 年 1 月 1 日至 2020 年 12 月 31 日，对购置的新能源汽车免征车辆购置税。政府对于新能源汽车的补贴从 2010 年就开始了。2010 年 7 月 6 日，深圳市出台《私人购买新能源汽车补贴政策》，确定在国家政府补贴的基础上，对双模新能源汽车追加 3 万元补贴，对纯新能源汽车追加 6 万元补贴；1 个月后，杭州参照深圳补贴办法，采用了一样的补贴政策；2012 年 4 月出台的北京补贴办法，也参照深圳和杭州的补贴额度。但其他城市的补贴金额却各有不同，例如，在 2012 年 12 月出台的上海补贴办法中，规定纯电动乘用车补助 4 万元/辆，插电式混合动力乘用车补助 3 万元/辆；广州给予的是 1 万元购置财政补贴；合肥也追加补贴 1 万元。这些补贴能够对消费者的新能源汽车购买行为带来什么影响呢？除了补贴以外，还有哪些因素能够影响消费者的新能源汽车购买行为呢？这些都是本章将要回答的问题。

本章将介绍一个有关新能源汽车购买行为的质性研究，该研究采用了"一对一"访谈的形式来进行。同时，研究还引入了时间横轴，分成两次对消费者进行采访，观察在一段时间内，消费者对于新能源汽车的态度和行为的变化。研究构建并详细介绍了新能源汽车购买行为的影响机制模型、细化模型以及家庭因素对新能源汽车购买行为的影响机制模型。这些模型的构建帮助学者们梳理了新能源汽车的影响因素，也为政府和企业提供了行之有效的管理建议。

第二节　质性研究

2009 年 7 月开始实施的《新能源汽车生产企业及产品准入管理规则》说明：新能源汽车是指采用非常规的车用燃料作为动力来源（或使用常规的车用燃料、采用新型车载动力装置），综合车辆的动力控制和驱动方面的先进技术，形成的技术原理先进、具有新技术、新结构的汽车。新能源汽车包括混合动力汽车（HEV）、纯新能源汽车（BEV，包括太阳能汽车）、燃料电池新能源汽车（FCEV）、氢发动机汽车、其他新能源（如高效储能器、二甲醚）汽车等各类别产品。

通过第一章和第二章对于新能源汽车购买行为研究的文献梳理，基于上述的文献分析，我们发现，现有的研究都是通过静态的方式来分析消费者对于新能源汽车的购买行为，换言之，他们更加关注消费当下的情况以及消费者认为他们所在意的因素。本章的研究希望通过动态的质性研究方式，来开展跟踪采访，横向比较受访者在不同时期内所在意的因素以及他们的选择。以下将详细介绍质性研究的整个过程。

一、研究过程

（一）访谈设计

本章通过"一对一"半结构性访谈的形式来获得质性研究的一手资料。访谈分为两个阶段进行，第一阶段的访谈在 2016 年 4 月期间展开，第二阶段的跟踪访谈在 2017 年 10 月开展。第一阶段的访谈内容分成了六个部分（参见附录4）：机动车拥有情况或未来计划拥有情况、机动车使用情况和使用成本、机动车的替代出行情况、对于出行政策的态度、健康和绿色环保意识、家庭基本情况。其中，我们将与新能源汽车的了解、评价、顾虑、使用情况等相关的问题融入整个提纲之中，这样不仅了解了受访者对于新能源汽车的态度，也能了解受访者对于机动汽车的态度和使用，进而为未来的分析提供更加全方面的数据支持。第二阶段的访谈内容相对比较简单，主要分成两个部分（参见附录4）：第一部分是受访者在过去一年半的时间内，在出行方面是否有发生改变，如出行工具、出行成本、出行时间等的变化，这其中也包括增添新车或换置新车的变化。第二部分是专门针对新能源汽车的问题，主要包括受访者对于新能源汽车的了解、评价、顾虑、身边的人对于新能源汽车的态度等。这样，我们可以通过对两次访谈内容的对比，了解受访者对新能源汽车的态度和评价是否与过去保持一致或发生变化，也能了解到具体哪些因素导致了他们的变化。

研究团队经过内部的几轮探讨和分析后确定了初始问题，之后邀请了 4

位消费者进行了预访谈，调整了容易引起误导的问题。接着，本研究团队对每位采访人员进行了培训和实际的采访演练，确保所有采访人员都了解此次采访的目的、采访的内容以及可能出现的各种情况。在采访期间，研究团队每周末会进行一次短会，了解采访的进程以及采访过程中出现的问题，并进行相应的调整。第一阶段的采访，每位受访者的访谈时间为40~50分钟；第二阶段的采访，访谈时间为20~30分钟。访谈形式均为"一对一"的面访或电话采访。采访人员会在采访前一天联系受访者，介绍采访的目的是"了解消费者的日常出行情况"，避免消费者预先了解访谈的真实目的而进行相应的准备。在采访之后，研究团队需要在3天内对录音进行整理，完成访谈内容的记录和备忘录，最终得到近12万字的访谈内容。

（二）人员资料

本章将采访的对象锁定在居住在北京的消费者，原因主要包括以下几点：首先，根据 WAYS 监测销售量的数据显示，截至2017年8月，北京市场的新能源汽车销量位居全国第一，占全国总销量的26.5%，因此，对于北京市场的研究结果不仅能对学术研究做出贡献，也能为新能源汽车企业的销售带来帮助；其次，北京市场的新能源汽车销量有90.3%属于个人消费者的贡献，仅有9.7%来自单位，而上海、深圳等地的新能源汽车购买，有近30%来自单位，广州的单位新能源汽车购买量更是占总销量的60%以上。换言之，相比其他城市，对于北京消费者的研究更加有针对性，更能代表整个北京市场的新能源汽车购买情况；再次，北京对于汽车牌照采取限制和摇号的政策，也就是北京地区的政策导向对新能源汽车的购买具有很大的影响。未来，可能越来越多的中国城市将通过政策手段来推动新能源汽车的购买，因此对北京消费者的研究更具有针对性和推广意义；最后，北京的新能源汽车的配套建设也处于全国领先的地位，这就避免了消费者完全从客观的基础建设因素等角度来拒绝购买新能源汽车，换言之，对于北京消费者的研究不仅能体现消费者对于新能源汽车的外在客观因素（如充电设施、配套设备等）的态度和关注程度，也能了解到消费者其他方面的顾虑。

第一阶段的采访，我们根据扎根理论的饱和度原则，最终邀请了30位受访者参与采访。第二阶段，我们进行跟踪采访时，有 25 位受访者再次接受了采访，而在其他 5 人中，有 2 人离开北京，3 人由于个人原因不方便再次接受采访。表 4－1 详细描述了每位受访者的基本情况。

表 4－1　　　　　　　受访者基本情况汇总

编号	性别	年龄	职业分类	家庭年收入（万）	机动车数量	家庭成员结构	第二轮采访
1	男	32	军人	20	1	夫妻和孩子一起居住	是
2	男	33	企业中层	40	2	夫妻和孩子一起居住	是
3	女	33	设计师	160	2	夫妻和孩子、老人一起住	是
4	男	39	管理人员	40	2	夫妻和孩子一起居住	是
5	女	43	自由职业者	200	2	夫妻和孩子一起居住	否
6	女	31	全职妈妈	60	2	夫妻和孩子一起居住	是
7	男	37	管理人员	50	2	夫妻和孩子、老人一起住	否
8	女	35	全职妈妈	30	2	夫妻和孩子一起居住	否
9	女	53	普通职员	50	3	夫妻两人居住	否
10	女	33	科研人员	20	1	夫妻和孩子一起居住	否
11	男	31	军人	10	1	单身独居	是
12	男	36	军人	30	2	夫妻和孩子、老人一起住	是
13	男	30	技术人员	130	1	单身独居	是
14	女	33	普通职员	20	1	夫妻和孩子一起居住	是
15	男	40	技术人员	50	1	夫妻和孩子、老人一起住	是
16	女	33	普通职员	35	1	单身独居	是
17	男	34	技术人员	25	1	夫妻和孩子一起居住	是
18	女	33	管理人员	30	1	单身独居	是
19	女	35	科研人员	15	1	单身独居	是
20	男	33	技术人员	40	1	单身独居	是
21	女	34	普通职员	30	1	夫妻两人居住	是
22	男	32	军人	20	1	夫妻两人居住	是
23	女	33	管理人员	100	3	夫妻两人居住	是
24	女	36	管理人员	50	2	夫妻和孩子一起居住	是
25	女	33	公务员	35	1	夫妻和孩子、老人一起住	是

续表

编号	性别	年龄	职业分类	家庭年收入（万）	机动车数量	家庭成员结构	第二轮采访
26	女	38	行政人员	50	1	夫妻和孩子、老人一起住	是
27	男	32	大学老师	20	1	夫妻两人居住	是
28	男	35	大学老师	20	1	单身独居	是
29	男	34	技术人员	34	2	夫妻两人居住	是
30	男	33	公务员	33	1	夫妻和孩子、老人一起住	是

二、初步分析结果

在初步分析阶段，本章的研究希望回答四个问题：第一，消费者对于新能源汽车的评价如何？有什么样的评价和顾虑？第二，消费者在一年半的时间内，对于新能源汽车的态度或行为是否有发生转变？第三，如果发生了转变，消费者自己认为是什么导致了转变？第四，消费者如何看待选择新能源汽车的群体？为了回答这四个问题，课题组对采访提纲进行了初步的开放式编码，这项任务由两位博士生分别完成，然后课题组成员一起对两组初始概念进行对比和分析，确定了最终的65个初始概念。围绕我们在初步阶段希望回答的问题，我们对相关编码进行了量化，以下将依次介绍每个问题的分析结果。

（一）消费者评价

表4-2总结了两次采访中，受访者对于新能源汽车的积极评价和他们表达的主要顾虑。从积极评价的角度来看，消费者对于新能源汽车的认可度一般，每个方面的积极评价人数占比基本都在20%以内。人们觉得新能源汽车最大的优势是：不限行、使用成本低、比较环保。此外，有受访者提到："感觉充电桩越来越多，还是很方便的"。也有受访者认为："这两年在政策的支持下，很多小区、加油站都设立了新能源汽车的充电桩。另外，企事业单位也率先设立了新能源汽车的充电桩，这样就方便了很多，充电没有后顾之忧。"因此，提到"充电方便"的人数占比也从3%上升到20%。特别要注意

的是，有受访者提到了"新能源汽车的驾驶声音较轻"这点优势，但是凡是提及这个优点的受访者，都是已经拥有或者试驾过新能源汽车的。换言之，新能源汽车的部分优点，只有通过消费者试驾才能体验到。

表 4 - 2　　　　　　　　　　受访者对新能源汽车的评价

消费者的评价		第一次采访提及的人数占比	第二次采访提及的人数占比
积极评价	不限行	27%	20%
	环保	13%	12%
	有趣	7%	4%
	充电方便	3%	20%
	炫耀	3%	16%
	享受补助	10%	4%
	保养成本低	3%	12%
	充电比加油便宜	7%	16%
	声音轻	2%	5%
	摇号容易	17%	8%
主要顾虑	充电桩少	57%	32%
	充电时间长	13%	40%
	续航里程短	27%	56%
	维修成本高	7%	0%
	品质一般	17%	24%
	外观一般	7%	32%
	内饰一般	3%	20%
	技术成熟度低	23%	16%
	性价比差	10%	20%
	不适合开长途	13%	24%
	缺少动力	3%	20%
	驾驶感较差	5%	25%
	没有安全感	13%	12%
	国外牌子太贵	13%	16%
	摇号越来越难	0%	16%
	可选少	7%	20%

从顾虑的角度来看，人们对于新能源汽车的 3 点主要顾虑是：充电桩少、充电时间长和续航里程短。虽然人们对于充电桩的顾虑依然存在，但是呈下降趋势。也有受访者提及："我们想 2～3 年以后再买，我觉得到时候充电桩应该不是什么问题了，应该是很普及的了。"可以预见，未来在北京，充电桩问题不会成为人们购买新能源汽车的主要阻力。但是也有受访者提及："我们在北京开新能源汽车，找充电桩比较方便，但是如果开到二线城市，就很难找到充电的地方。"这种顾虑加上新能源汽车的续航里程问题，导致很多受访者都不敢开着新能源汽车去其他城市旅游。目前，消费者对于新能源汽车的顾虑还是围绕电池开展的，电池的充电时间过长和续航里程数较小。有受访者称："如果什么时候能够发展到，10 分钟冲 1000 公里的电，那我立即把燃油车换成新能源汽车。"也有受访者指出："当电量到一半以下的时候，掉电速度很快。"一些受访者提到的"技术不成熟"，其实也与这两点相关。因此，可以看出，虽然续航里程和充电时间是消费者非常担忧的事情，但是消费者还是认可，2017 年的新能源汽车技术比 2016 年有所提升。随着整个行业的技术水平的提升，这两点顾虑会被逐渐消除。

除了上述三点，消费者对于新能源汽车的品质、外观、内饰和驾驶感的要求也在逐渐提升，提及这几方面的人数比例都有较大的增加。这种增加一方面源于消费者开始认真对待新能源汽车。2016 年采访时，有 7 位受访者都提及："新能源汽车就是一种代步车，所以无所谓外观。"还有些受访者认为自己一定不会选择新能源汽车，所以他们都没有特意提及品质、外观、内饰等问题。但是到了 2017 年，一些受访者意识到新能源汽车是未来的一种趋势，也就是未来一定会选择的汽车，因此，这些受访者开始将新能源汽车视为燃油车的替代品，以燃油车的要求来衡量新能源汽车，因此这些品质、驾驶感等方面的顾虑就有所增加。另一方面，源于消费者对新能源汽车的了解程度逐步提升。相比 2016 年采访时，大多数受访者都表示，对新能源汽车不太熟悉；在 2017 年采访时，多数受访者都加深了对新能源汽车的认知。受访者会主动去寻找与新能源汽车相关的信息，同时身边购买新能源汽车的人数也在逐步上升，他们的口碑传播对于没有购买新能源汽车的消费者也有一定的影响。因此，消费者对品质、外观、内饰和驾驶感的顾虑加大，一方面说明新能源汽车品牌需要对这些方面加强投入；另一方面也说明新能源汽车的市场在逐步扩大和成熟，消费者对新能源汽车的重视程度与日俱增。

另外，需要特别注意，在 2016 年采访时，部分受访者还提及，购买新能源汽车是因为摇号容易。但是一年半之后的采访中，有 16% 的受访者认为，现在摇号越来越难。这同样也说明，希望购买新能源汽车、参与新能源汽车摇号的消费者人数越来越多。对于摇号越来越困难的预期，也促使更多消费者从观望的态度变成了参与摇号。有的消费者称："我们夫妻两个人都在摇号，我负责摇燃油车的号码，我先生负责摇新能源汽车的。"可以看出，北京消费者参与新能源汽车的摇号，也有一部分是源于燃油汽车不容易摇号，因此无奈之举。

（二）态度的转变和原因

我们分析了两次采访中消费者对于新能源汽车的态度以及他们实际的购买行为，按照 25 人的采访基数，结果发现在 2016 年的采访中，有 12 位受访者计划在未来两年内购买新能源汽车，另有 1 人已经拥有新能源汽车。在 2017 年的采访中，有 10 位受访者计划在未来购买新能源汽车（其中有 5 人在排新能源汽车的车牌号），另有 3 人已经拥有了新能源汽车。

虽然两次采访中计划购买新能源汽车人数基本持平，但是详细分析会发现，有 6 位受访者从 2016 年计划购买新能源汽车，转为不想购买新能源汽车；另有 5 位受访者从 2016 年不想购买新能源汽车，转为计划购买新能源汽车，有 1 人已经购买了新能源汽车。2016 ~ 2017 年的一年半时间内，有 4 位受访者换置了新车，但是 4 人均换置的是燃油车。另有 4 人新增了汽车，其中有 2 人购置了新能源汽车。我们通过访谈，详细了解了每位受访者态度转变的原因。

第一，6 位原本计划购买又转变态度的受访者中，有 1 人在 2017 年换置了燃油汽车。他表示："这次没有选择新能源汽车，主要是因为现在新能源汽车也需要排号，而且要排很久，现在购买新能源汽车也不像过去那么方便了，比较麻烦。"其他 5 位受访者在 2016 年时计划购买新能源汽车的原因是"环保是趋势"和"新能源汽车节省成本"，他们在 2016 年对于新能源汽车的顾虑是"充电速度"和"性价比"问题。但是到了 2017 年，市场上所能购买的新能源汽车，并没有让他们打消原有的顾虑，充电速度依然存在问题，同时能够选择的车型较少，性价比依然不足以让他们选择新能源汽车，因此他们认为在未来两年也不会购买新能源汽车。换言之，新能源汽车的技术问题成为受访者从计划购买转为不想购买的主要原因。

第二，针对 5 位本不想购买新能源汽车又转变态度的受访者，在 2016 年对于新能源汽车的顾虑主要是："根本不了解，没有听说过"和"充电问题"。促使他们态度转变的原因是："口碑不错""充电桩越来越多"和"新能源汽车排号越来越难，还是早点排队吧"。也有受访者表示："既然新能源汽车是大趋势，那就早点买吧，不过我们打算购买油电混合汽车，不想浪费燃油车的牌号。"可以发现，新能源汽车的群体效应、政府政策和基建工作的推进是促使消费者从不想购买转为计划购买的主要原因。

第三，在过去 1 年半的时间里，有 2 位受访者购买了新能源汽车，其中 1 人购买了特斯拉，1 人购买了北汽新能源汽车。这两位受访者都是家里原有 1 辆燃油汽车，现在又新增了一辆新能源汽车。购买特斯拉的受访者在体验之后感觉特斯拉充电很方便，而且充电桩数量与日俱增。购买北汽新能源汽车的受访者则表示新能源汽车很节约成本，没有维修和保养费用，很方便。自从购买了新能源汽车后，两位受访者日常的出行多以开新能源汽车为主，但是长途出行时还是会选择燃油汽车。

（三）他人视角下的新能源汽车购买群体

在采访中，我们也询问了受访者，他们身边是否有人已经购买了新能源汽车，他们认为购买新能源汽车的群体是怎样的，请他们描述一下购买了新能源汽车的群体。基于此，我们了解到目前从消费者视角出发，刻画的新能源汽车群体是两类人：第一类，家里没有车或者家里已经有一辆车，但急需再购买一辆车来应对限行、限号、家里用车需求的消费者，他们购买新能源汽车的主要原因就是"摇不上燃油车的车牌号。"第二类受访者是家里经济条件一般，因此只能购买节约成本且售价较低、享受补贴的新能源汽车来满足日常对汽车的需求。

从目前来看，人们没有将新能源汽车，尤其是国产新能源汽车作为一种身份的象征，或者一种环保态度的表达。甚至还有受访者指出："新能源汽车目前的层次很低，质量也比较差，开在路上就会有一种格格不入的感觉。"人们仅对购买特斯拉的群体表示："比较炫酷，是一种身份和态度的象征。"

第三节　模型构建

基于初步分析结果，我们利用 NVIVO 软件对初始概念进行了梳理和对范畴进行划分，将 65 个初始概念归属到 16 个范畴中，并进一步对各个范畴进行归类，确定了 6 个主范畴（政府、社会、技术、家庭、态度、延迟购买行为）以及 1 个核心范畴（购买行为），并分析范畴之间的联系，最终形成了新能源汽车购买行为的作用机制模型。以下我们将分三步来介绍这个模型。第一步，对比以往学者所构建的燃油汽车购买行为的影响机制模型（详见图 4-1）与本章构建的新能源汽车购买行为的影响机制模型（详见图 4-2）有何差异；第二步，详细介绍新能源汽车购买行为的影响机制细化模型（详见图 4-3）；第三步，围绕影响机制中的主范畴"家庭"进行深入的分析（详见图 4-4）。

一、初始模型

图 4-1 显示了燃油汽车购买行为的影响机制模型，图 4-2 则显示了本章所构建的新能源汽车购买行为的影响因素模型。对比图 4-1 和图 4-2 可以发现，相比以往燃油汽车的购买模型，本章所构建的新能源汽车购买行为的影响机制模型的前因变量不仅包含技术和社会，还增加了政策，并将个体融为家庭的影响之中。一方面，通过采访可以发现，在中国，尤其是北京，政策对于消费者新能源汽车购买行为具有显著且重要的影响；另一方面，新能源汽车作为家庭的主要资产之一，其购买行为不仅是个人的决策结果，还涉及家庭成员之间的影响和互动，因此家庭是不可或缺的影响因素之一。

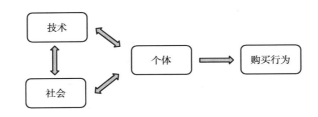

图 4 - 1 燃油汽车购买行为的影响机制模型

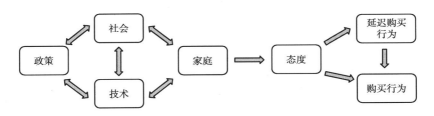

图 4 - 2 新能源汽车购买行为的影响机制模型

同时，相比燃油汽车的购买决策过程，新能源汽车的购买决策过程更加缓慢，消费者需要先对新能源汽车形成一种态度，这种态度可能是积极的态度、可能是消极的态度、也有可能是观望的态度，这是由于各方面因素导致的。当形成积极的态度时，消费者会即时开展购买行为，或者开展与购买行为相关的行为，如在北京开始排号。但是如果消费者形成的是观望的态度，消费者就会产生延时购买行为，也就是认定自己未来一定会买，但是目前继续观望。这个过程在燃油汽车的购买决策中比较少见，是新能源汽车在初始发展阶段的一种特有的购买决策方式。

二、细化模型

图 4 - 3 是对新能源汽车购买行为的影响机制模型的详细解析模型。该模型将政策、社会、技术和家庭进行了细分，经过细分之后，不仅能更好地理解每个影响因素对购买行为的作用路径，也能深入分析各个影响因素之间的关系和作用方式。以下将详细分析每个因素之间的关系以及他们对购买行为的影响。

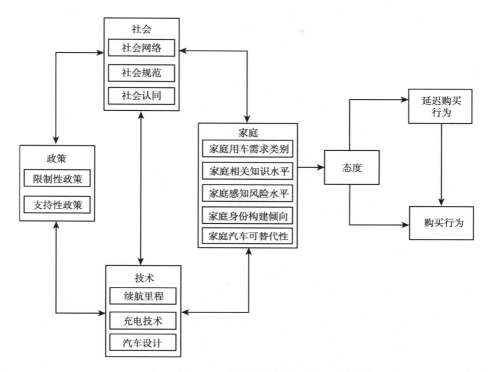

图 4-3　新能源汽车购买行为的影响机制细化模型

（一）政策

与燃油汽车购买行为相比，新能源汽车购买行为的政策导向性非常高。政策可以分成限制性政策和支持性政策。限制性政策一方面是指政府对于电动车型号、规格等进行限制。这种政策往往是为了保护本土新能源汽车产业的发展，因此这种政策的提出对于本地市场品牌的新能源汽车购买行为具有推动作用，不过从一定程度上限制了其他新能源汽车品牌在当地的发展，缩小了消费者可选的产品范围，不利于市场的长期发展。另一方面是指政府对于燃油汽车的限制政策，例如，在北京市场，燃油汽车的牌照需要通过摇号来获得；在上海市场，燃油汽车的牌照需要通过竞拍来获得，通过这种方式增加了消费者获得燃油汽车牌照的难度。同时，还可以限制燃油汽车的出行，如我国很多城市都开展的限行限号政策。通过这些限制政策，社会上会逐渐对"减少燃油汽车出行"和"增加新能源汽车出行"形成一种共识和规范，这种社会规范和社会认可就将影响到家庭，进而促进家庭对新能源汽车的购买。

支持性政策则指政府对于购买新能源汽车的消费者所提供税收减免和补贴政策。它从一定程度上减少了人们购买新能源汽车的成本，促进了人们的购买行为。同时，支持性政策还有政府对于整个产业发展的支持，如对于新能源汽车配套基建设施的建立、新能源汽车公司的产品研发等方面的政策支持，这些支持能促进整个产业的技术发展，减少家庭购买产品的风险，进而促进他们的购买行为。

（二）社会

社会包括社会网络、社会规范和社会认同，这分别从三个方面来界定和衡量社会。社会网络指社会个体成员之间因为互动而形成的相对稳定的关系体系。在本章的研究中，我们将社会网络缩小到"与新能源汽车相关的社会网络"，也就是指新能源汽车能够触及的社会网络程度。例如，有些受访者表示："身边有很多人已经购买了新能源汽车"，那么这位受访者的"与新能源汽车相关的社会网络"就很大，如果受访者身边几乎没有人购买新能源汽车，那么这位受访者的"与新能源汽车相关的社会网络"就很小。政府对于新能源汽车的支持性政策的推出，将促进新能源汽车触及人们身边更广泛的社会网络。

社会规范是指调整人与人之间社会关系的行为规范。在我们的研究中，社会规范特指人们认为应该通过减少燃油车出行而来改善环境的社会规范。限行政策的推广将引起人们对"燃油汽车污染环境"话题的关注，也就是增强了与环境保护相关的社会规范。这种社会规范的形成，需要一个长期的过程，而政策对其起到了推动的作用。同样，当社会规范发展到一定的程度时，又会反过来促进限制性政策的调整。例如，可能会将每周一日限行的政策改为单双号限行的政策。

社会认同是指在社会相互作用中定义和看待人们的方式。在我们的研究中，将社会认同界定为人们对于选择新能源汽车的群体的认同程度。随着促进支持性政策的推进，人们对于选择新能源汽车的群体的认同程度也会相应提升。反过来，当社会认同提升到一定的程度时，也会反过来影响到政策的调整。例如，在新能源汽车非常普及时，可能将税收减免和补贴逐渐取消。

（三）技术

新能源汽车的技术主要包括三个方面：续航里程、充电技术和汽车设计。这既是消费者最为关心的三方面技术，也是阻碍消费者购买新能源汽车的主要原因。政府对于整个产业的支持性政策会鼓励新能源汽车品牌，尤其是国产新能源汽车品牌投入资金进行研发，加速解决续航里程的问题和快充的问题。在汽车设计方面，我们通过研究发现，消费者对于新能源汽车的外观和内饰的要求也在逐年提升。那么企业如何在不增加成本的情况下，通过高科技设计出外观和内饰均符合消费者要求的新能源汽车，也是未来新能源汽车技术发展中需要考虑的问题，同样也是消费者最为关心的问题之一。政策的支持自然会促进新能源汽车在续航里程、充电和设计方面的技术革新。

此外，社会与技术之间也存在相互影响的关系。技术的提升会促进人们对新能源汽车购买群体的社会认同的增加，同时也会帮助新能源汽车触及更多、更广泛的社会网络。反过来，社会规范和社会认同的加强，也能促进企业对新能源汽车技术研发的推进。

（四）家庭

家庭的部分将在细化模型中进行更加详细的介绍。这个部分将着重介绍家庭和其他因素之间的关系。在社会与家庭之间的关系中，社会网络的扩大意味着家庭周边有更多人谈论新能源汽车，家庭也可以通过更广泛的社会网络来了解新能源汽车，因此家庭相关知识水平会得到提升。社会规范的发展和社会认同的提升，会影响到家庭对新能源汽车的感知风险水平，家庭不用担心，购买新能源汽车的行为会遭到他人的反对或误解；反过来，家庭也将促进社会的发展。家庭相关知识水平的提升，会促进社会规范的蔓延和巩固，同时提升社会对新能源汽车购买行为的认同。

技术与家庭的作用关系也很明显。技术的进步自然会减少家庭对新能源汽车的感知风险水平，同时促进家庭相关知识水平的提升；反之，家庭的用车需求类别和新能源汽车感知风险水平，又会在一定程度上推动技术的进步。

（五）态度、延迟购买行为和购买行为

消费者对于新能源汽车的态度至关重要。积极的态度会促进购买行为的开展，消极的态度则会抑制购买行为的开展。同时，消费者还可能对新能源汽车持有观望的态度，也就是预期未来一定会购买新能源汽车，因为"这是大势所趋"，但是目前的情况下不会购买新能源汽车。这种观望的态度会促使消费者持续关注新能源汽车的发展，同时将新能源汽车购买行为推迟。推迟到什么时间，取决于新能源汽车的技术发展速度和程度。与燃油汽车的购买决策相比，新能源汽车的购买决策时间更加长，就是因为消费者存在观望的态度，并会由此产生延迟购买行为。

家庭对消费者态度的形成有着至关重要的影响。家庭对新能源汽车的感知风险水平会直接影响消费者对新能源汽车的态度。随着家庭感知风险水平的降低，消费者对新能源汽车的态度自然会从消极转为观望，再从观望转为积极。此外，家庭汽车可替代性也会直接影响人们对新能源汽车的态度，如果一个家庭的汽车可替代性很强，也就是这个家庭能够采用多种方式出行，他们对于新能源汽车可能就会处于观望的态度；但是如果一个家庭的汽车可替代性较弱，出行主要依靠汽车，那么他们对于新能源汽车的态度就会更加积极。与之类似的，家庭用车需求也会影响到态度的形成。

通过上述新能源汽车购买行为的影响机制细化模型的分析可以看出，目前在中国市场，尤其是北京市场，新能源汽车的购买行为主要还是一种政策驱动的行为，行为产生的出发点还是政策，是因为限制性政策导致人们不能或不愿驾驶燃油汽车出门，因为支持性政策推动人们开始选择新能源汽车。但是这种政策驱动的行为不是长久之计，我们认为，未来新能源汽车市场将逐渐从政策驱动转化为技术驱动，人们会因为技术的发展而去主动购买新能源汽车，而非不得不购买新能源汽车。这也正是新能源汽车品牌在未来需要努力的地方。

三、家庭细化模型

图 4-4 专门针对"家庭"这一重要影响因素，进行了更加细致的分类和构建。"家庭"的引入是本章所构建的新能源汽车购买行为的影响机制细化模型的创新之一。本章为了进一步说明"家庭"在新能源汽车购买决策中的重要地位，对其进行了单独的解析。以下将详细分析家庭中的各个影响因素及其相互关系。

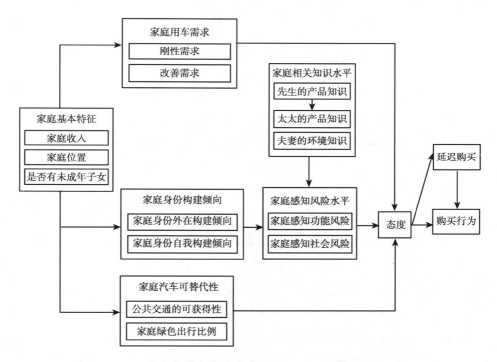

图 4-4 家庭因素对新能源汽车购买行为的影响机制模型

（一）家庭感知风险水平

家庭的感知风险水平会直接影响到消费者对新能源汽车的态度。本章将家庭感知风险水平分为家庭感知功能风险和家庭感知社会风险。家庭感知功能风险是指：家庭成员对于新能源汽车的功能，包括新能源汽车的充电技术、续航里程、驾驶性能等的感知风险。当家庭感知功能风险高时，消费者会对新能源汽车持有消极或者观望的态度，进而抑制新能源汽车购买行为的开展。

家庭感知社会风险是指：家庭成员对于拥有新能源汽车是否会引起他人的反对、否定或轻视等态度所带来的风险。由于目前新能源汽车，尤其是国产新能源汽车的价格较低，因此部分受访者担心"新能源汽车拥有者等同于买不起燃油汽车的低收入家庭"。这种想法就体现了受访者对新能源汽车的感知社会风险较高。同样，家庭感知社会风险的提升，会导致消费者对新能源汽车持有消极或者观望的态度，不利于新能源汽车购买行为的开展。

（二）家庭相关知识水平

本章将家庭相关知识水平分成了长期的知识水平和短期的知识水平。其中长期的知识水平是家庭成员经过多年积累所拥有的环境知识水平，是与环境相关的广泛的知识，体现了家庭成员在环境保护方面的知识宽度。家庭的环境知识水平如果较高，家庭成员的感知社会风险水平就会相对较低，因为他们将购买新能源汽车视为一种环保行为，自然不担心社会的否定和指责。

短期的知识水平是专门指家庭成员对于新能源汽车以及新能源汽车与环境之间关系的了解程度，短期的知识水平体现了家庭成员在环境保护方面的知识深度。此外，我们还将已婚家庭的产品知识分为先生的产品知识和太太的产品知识。研究发现，很多太太的新能源汽车知识都来自先生，但是往往太太的知识对于最终的购买行为起到更大的促进作用。我们通过分析发现，女性受访者对于新能源汽车的感知风险会明显高于男性受访者，因此女性受访者的产品知识的提升能显著缓解家庭的感知功能风险，但是男性受访者的产品知识是要通过提升太太的产品知识来减少整个家庭的感知功能风险。

因此，随着家庭相关知识水平的提升，家庭感知风险水平会有所下降，进而促进消费者对新能源汽车的态度向着积极的方向发展，最终促使了新能源汽车购买行为的开展。

（三）家庭身份构建倾向

西方学者在研究家庭消费时引入了"身份"（identity）的研究视角，来探索家庭如何通过消费来构建独特的身份。"家庭身份"被界定为"家庭成员对于家庭的历史传承、现实状况和性格特征的主观感受。它体现了家庭与众不同、独一无二的品质和特性"（Bennet et al.，1988）。家庭通过运用市场资源和内部沟通来构建和管理家庭层面的身份（Epp and Price，2008）。我们通过质性研究发现，从家庭身份构建倾向视角可以将家庭身份构建分为家庭身份外在构建倾向和家庭身份自我构建倾向。"家庭身份外在构建倾向"是指家庭倾向于通过其他家庭对家庭的主观感受来构建家庭身份；"家庭身份自我构建倾向"则强调了家庭倾向于通过家庭内部的自我认同来构建家庭身份。

家庭身份外在构建倾向高的家庭会更加在意其他人对家庭的看法和认可，因此他们对于新能源汽车的感知社会风险就会比较高；相反，家庭身份自我构建倾向高的家庭，不太在意别人对家庭的感受和评价，故而新能源汽车的感知社会风险相对较低。

（四）家庭用车需求

家庭用车需求是针对需要新增或换置汽车的家庭而言的。本章的研究将其分成两类：刚性需求和改善需求。刚性需求是指家庭目前急需购买新车来满足日常的基本需求，通常刚性需求的家庭还没有购买新车，或只拥有一辆汽车，他们需要通过购买汽车来满足家庭用车的需求。对于这类家庭来说，新能源汽车是他们不得不进行的选择，因为燃油汽车的牌照难以排到（如北京）、拍到（如上海）或者负担不起燃油汽车。这种情况下，他们对于新能源汽车的态度往往都是积极的，同时他们也会尽快展开新能源汽车的购买行为。对于这类家庭，新能源汽车购买决策的制定比较快速和坚决。

改善需求是指家庭目前已经拥有一辆、两辆甚至多辆汽车，希望换置或新增一辆汽车来让家庭的生活更加舒适和便捷。在这种情况下，新能源汽车并不是他们"必须要买"的选择，他们拥有足够的时间在新能源汽车和燃油汽车之间进行对比和分析，他们需要较长的思考和决策过程。同时，这类家庭，尤其是在北京的家庭，往往会因为"不舍得放弃原来的燃油汽车牌照"而选择购买混合型新能源汽车（可以依然使用燃油汽车牌照）。所以这类家庭对于新能源汽车往往持有观望或消极的态度。他们通常会延迟购买或者在对比之后，放弃购买新能源汽车。

（五）家庭汽车可替代性

家庭汽车可替代性是指，一个家庭的汽车使用在多大程度上能够被替代。这个变量的衡量指标有两个：其一，公共交通的可获得性，是指家庭附近有多少种公共交通可以选择，如有几趟地铁、有几趟公交车可以乘坐。当家庭附近的可选公共交通较多时，家庭的公共交通可获得性就较大。第一个指标是人们无法改变的，是客观环境的结果。其二，家庭绿色出行比例，是指家庭成员平时采用绿色出行的次数占总出行次数的比例。绿色出行包括步行、骑自行车/电动自行车、公共汽车、轨道交通等方式，但不包括坐出租车和专车。第二个指标是人们可以控制的，是主观选择的结果。

家庭公共交通可获得性越大、绿色出行比例越高，家庭汽车可替代性就越强。换言之，当家庭在多数时候都不需要汽车出行时，家庭对汽车的需求就较低，对新能源汽车没有急迫的需求，对新能源汽车的态度也会以观望或者消极为主，这就会抑制他们对新能源汽车购买行为的开展。

（六）家庭基本特征

本章将与新能源汽车购买行为相关的三个因素作为家庭基本特征的衡量指标：家庭收入、家庭位置和是否有未成年子女，这三个因素都会间接影响到家庭对新能源汽车的购买行为。具体来看，家庭的收入会影响家庭身份构建倾向。收入较高的家庭，会更加倾向于家庭身份自我构建；反之，收入较低的家庭，会更加倾向于家庭身份外在构建。家庭位置主要影响家庭汽车可替代性。家居位置靠近市中心的家庭，公共交通可获得性更大，因此家庭汽车可替代性也越大；家居郊区的家庭，公共交通可获得性相对较小，因此家庭汽车可替代性就越小。

家庭是否有未成年子女，会影响到家庭的用车需求。我们通过采访发现，父母可以自己选择绿色出行，但是依然希望子女出门时能乘坐汽车出行，因为更加安全和快捷。因此，拥有未成年子女的家庭，对于汽车的需求往往是刚性需求，他们不得不开车出门。有时，由于夫妻的单位方向不一致，夫妻无法一起开车送孩子上学；或者由于限行日不能开车送孩子上学的原因，家里不得不配备两辆汽车。没有未成年子女的家庭在出行方面愿意尝试多种交通工具，他们对于汽车属于改善需求，并非刚性需求。

第四节　理论贡献和启示

一、理论贡献

本章介绍了一个有关新能源汽车购买行为的质性研究，该研究选择了两个不同的时间点对相同的消费者进行"一对一"的访谈，进而对比了两次访谈中人们对新能源汽车的态度和购买行为的变化，构建了新能源汽车购买行为的影响机制模型、新能源汽车购买行为的影响机制细化模型以及家庭因素对新能源汽车购买行为的影响机制模型。三个模型的提出，能够帮助学者们从理论上回答以下三个问题。

第一，新能源汽车的购买行为与传统的机动汽车购买行为有哪些不同？本章构建的第一个模型就能回答这个问题。通过将两种购买行为作用机制的模型对比，本章指出了政策和家庭在电动汽车购买行为方面的作用，这两方面也是学者们在未来可以深入发掘的问题。同时，相比传统的机动汽车购买行为，新能源汽车的购买行为比较缓慢，存在一个态度的缓慢形成期以及延迟购买的观望期。从态度的形成到延迟购买，再到最终的购买行为，这期间消费者很有可能因为各种因素而改变原始的决定。因此，学者们在进行新能源汽车购买行为的研究时，不能忽略新能源汽车的延迟购买行为。如何将延迟购买行为转变为真正的购买行为，也是学者们需要关注的话题。

第二，政策、社会、家庭和技术都将如何影响新能源汽车购买行为？本章构建的第二个和第三个模型能够详细回答这个问题。尤其要注意的是，本章引入了家庭因素的作用机制，指出了家庭在新能源汽车购买中扮演的角色。尤其是本章提出：夫妻对于新能源汽车的知识水平差异以及家庭身份构建倾向对于新能源汽车购买行为的影响。这些创新性的研究结论对于学者们在未来开展新能源汽车购买行为的研究具有抛砖引玉的作用。

第三，哪些因素能够在短期内引起消费者对于新能源汽车态度和购买行为的转变？本章通过两次访谈内容的对比，发现新能源汽车科技的进步、人们对新能源汽车的知识的提升以及他人的影响作用，是人们能够在短期内发生态度和行为转变的主要原因。新能源汽车的购买行为，具有显著的群体效应。当一个群体中有一个消费者购买了新能源汽车后，这种行为会迅速在群体内扩散，并促使群体中的其他人也会立即购买新能源汽车。这个发现为学者们未来的研究提供了新的思路和方向。

二、针对企业的管理启示

本章构建的新能源汽车购买行为的影响机制模型、细化模型和家庭因素影响机制模型，对于企业有以下三点管理启示。

第一，本章发现，科技的进步能够迅速提升人们对新能源汽车的购买行为。因此，加强新能源科技的创新应该是目前企业首要关注的问题。当然，科技创新也是整个行业需要关注的问题。哪个企业能够率先解决或者改善新能源汽车的充电问题，哪个企业就能够赢得消费者的青睐。新能源汽车在科技方面的少许进步，都能够较大限度地改善消费者对于新能源汽车的评价和态度。当然，如果企业在短期内难以实现科技的创新，那么至少在现有科技的基础上，找到这些科技能够给消费者带来的利益点，舒缓消费者对于技术的担忧，减少他们的感知风险。

第二，本章通过质性访谈发现，在过去一年多的时间里，消费者对于新能源汽车的态度发生了很大的转变。在 2016 年年初，大多数的消费者还是将新能源汽车视为一种代步工具，但是到了 2017 年年底，一些消费者已经意识到新能源汽车是未来发展的必然趋势，也是自己在长期一定会拥有的产品。因此，消费者对于新能源汽车的期待也发生了转变。过去，新能源汽车是政策导向的产物，是人们为了应对政策限制或者享受政策补贴而不得不去买的产品。在未来，企业应该将关注点从政策导向转为性能导向。电动汽车不会再只是政策的产物，还会是人们主动选择的结果。人们已经开始关注电动汽车的外观、内饰等问题，尤其是女性消费者期待新能源汽车的设计更加精致。有些男性消费者在现阶段不想购买新能源汽车的主要原因就是"档次太低"。

因此，新能源汽车的制造商应该转变过去"新能源汽车只要成本低廉"的观点，提升新能源汽车的整体形象，将新能源汽车定位为"新贵的选择"，而不是"买不起机动车的人的选择"。在现有科技的基础上，提升新能源汽车的品质和设计，这样才能逐渐将新能源汽车购买的政策导向转为性能导向，让新能源汽车进入更加广阔的市场，而不仅仅只是有政策限制或补贴的市场。

第三，我们在研究中发现，男性消费者所拥有的新能源汽车的知识水平远高于女性消费者，但是妻子在家庭的新能源汽车购买决策上起到了关键的作用。换言之，女性消费者的新能源汽车的知识水平的提升，将显著影响家庭对于新能源汽车的购买决策。目前，新能源汽车，尤其是国产品牌的新能源汽车，选择推广的途径主要是专业的汽车网站或4S店，但是女性消费者几乎很少会访问这些网站，也不会主动到店内去询问情况。想要接触这些消费者，企业需要调动更多的营销力量，如在商场内的试驾。我们在采访中发现，凡是购买过特斯拉或者准备购买特斯拉的消费者，都曾经在商场内试驾过特斯拉。但是，国有新能源汽车的购买者则从未在商场里看到过该品牌的试驾。同时，很多消费者对于纯电动汽车和混合动力汽车的概念也很不清晰。但是，对于那些想要尝试电动汽车，但是又不舍得机动车牌照（北京消费者）或者担心纯电动汽车的风险（如充电等）的消费者来说，混合动力汽车是他们的最佳选择。新能源汽车的制造商应该加大对这方面的知识的宣传力度，扩大知识的传播速度，这样才能更加迅速地接触和吸引潜在的消费群体。此外，他人影响对于新能源汽车的购买也至关重要。新能源汽车的制造商可以借助意见领袖的示范效应，如赠送新能源汽车给明星，这种行为一方面能够提升新能源汽车的档次和地位，另一方面也能够迅速让更多消费者知道和了解新能源汽车，最终推动新能源汽车的销售。

三、针对政府的管理启示

本章的结论不仅能够对企业的管理提供帮助，也能够帮助政府更好地推动新能源汽车行业的发展，具体的针对政府的管理启示包括以下三点。

首先，我们通过研究发现，政府对于新能源汽车的补贴政策以及对于机动车的限制政策，在很大程度上推动了新能源汽车的销售。同时，地方政府对于本地新能源汽车的支持，也让很多国产新能源汽车品牌在某个区域内得到迅速的发展。政策作为最初的推动力，只是促使第一轮消费者来购买电动汽车，也就是新产品的革新者和早期采用者，这些消费者或者是出于对科技的热爱来购买新能源汽车，或者是不得不购买新能源汽车。

但是从长远来看，单单依靠政策的力量是远远不够的。政府更多的补贴应该是给到行业、给到企业，而不是补贴终端消费者。对于终端消费者的补贴，只会影响到消费者对于新能源汽车的车主的评价。有些消费者认为："他们是为了补贴才去购买新能源汽车的。"政府的支持应该给到行业和企业，鼓励企业创新和发展，刺激行业对于科技创新的投入，提升新能源汽车的电池性能、外观和内饰设计、品质等，这样才能真正推动新能源产业的发展。

其次，我们通过研究发现，很多消费者不愿意购买新能源汽车，是因为担心新能源汽车的配套基础设施建设。例如，过去一年多，北京和上海的很多加油站都设立了电动汽车的充电桩，这是一个进步的地方。但是，由于电动汽车的充电时间很长，加油站的快充只能满足一少部分人的需求。在未来，政府应该推动企事业单位、商场对充电桩的建设，让人们在上班、逛街的时间就可以同时给新能源汽车充电，这样一方面节约了人们的成本，另一方面也缓解了人们对新能源汽车的风险感知。目前，很多北京大型商场的楼下都有特斯拉的专用充电桩，这自然就在一定程度上推动了特斯拉的购买。此外，二线城市的充电桩的兴建也十分重要。一些消费者提及："虽然在北京，可以有很多充电的地方，但是如果将新能源汽车开到外地，就非常担忧，不知道能够到哪里充电。"因此，二线城市的充电桩建设，不仅仅能带动二线城市的新能源汽车的发展，也能间接推动一线城市的新能源汽车的销售。

　　最后，目前社会上对于新能源汽车，尤其是国产新能源汽车的定位还是一种"代步车或者低档车"。这种定位不利于新能源汽车的发展。政府应该从推动社会舆论和社会规范的角度入手，赋予新能源汽车新的身份象征。让公民意识到新能源汽车是未来发展的必然趋势。这样，人们才会重新审视新能源汽车，提升对于新能源汽车的重视，将其看作是一种潮流，提升新能源汽车的社会地位。

第五章 绿色出行行为解析

第一节 研究简介

中共十九大报告提出："要加快生态文明体制改革，建设美丽中国。"为了实现这一目标，报告号召人们："倡导简约适度、绿色低碳的生活方式，反对奢侈浪费和不合理消费，开展创建节约型机关、绿色家庭、绿色学校、绿色社区和绿色出行等行动"。中共中央"十三五"规划建议提出："坚持绿色富国、绿色惠民，为人民提供更多优质生态产品，推动形成绿色发展方式和生活方式。"建议指出，要推进交通运输低碳发展，实行公共交通优先，加强轨道交通建设，鼓励自行车等绿色出行。在这些方针的指导下，不难推测，未来各地政府都将大力发展公共交通，并通过各种政策和干预策略来推动市民开展绿色出行。

那么目前中国家庭的绿色出行现状到底如何？人们如何选择绿色出行以及为什么选择绿色出行？抵触绿色出行的市民到底出于何种原因？不同的家庭在绿色出行方面存在哪些差异？政府如何制定有针对性的政策来规范人们的绿色出行？政府如何开展有效的干预策略来引导和鼓励人们选择绿色出行？企业又如何借助这股"绿色出行"热潮，找到自己的商业契机，进行量身定制的业务推广？基于上述问题，我们需要从中国出行者的视角出发，分析现状，了解出行者的需求，探索他们选择绿色出行这一行为背后的影响因素，进而为这些急需回答的问题找到答案。

现有研究对于绿色出行行为的影响因素探索比较分散，缺少一个系统和完整的框架，同时部分前置变量属于"普遍适用"的影响因素，即适用于各种环保行为的影响因素，如价值观、环境态度等，缺少专门针对绿色出行的影响因素分析。因此，本章的研究采用了质性研究的方法，来了解中国城市家庭的绿色出行行为。中国地域宽广，每个城市之间的公共交通设施、城市布局等都存在一定的差异。本章选择了北京作为中国城市的缩影，主要是因为：首先，北京能够集中体现中国目前面对的诸多城市出行问题；其次，北京城市规模较大，居住在城市中心和郊区的出行者所面对的出行状况各有不同，进而保证了样本的多样化；最后，北京拥有丰富的出行交通工具选择，因此研究结论更具推广性，研究构建的框架能够运用到与北京拥有同类城市规模和出行情况的城市，如上海、广州等城市。此外，本章将研究对象限制为已经拥有了机动车的出行者，这样能够更加深入地发掘人们选择或者不选择机动车出行的原因。

为了完成这个研究，本章以成熟的扎根理论为依据，通过"一对一"的半结构性访谈形式来获得初始数据，之后基于扎根理论的研究过程，利用NVIVO软件对数据进行定性研究，最终构建了拥有机动车的中国城市出行者分类矩阵以及城市家庭绿色出行的影响因素分析框架。访谈结果一方面能够更加完整地呈现中国城市家庭绿色出行的现状；另一方面也能够探索导致这种现状的内外因素以及如何改善这种现状，为未来学者的研究提供更多的数据和理论支持，从而为政府政策制定提供有效的依据，同时也为环保产业的企业的市场营销提供有价值的启示。

第二节　质性研究

本章将绿色出行界定为已经拥有机动车的出行者，在出行时选择其他交通方式来代替机动车的出行方式。城市绿色出行包括步行、骑自行车/电动自行车、公共汽车、轨道交通等方式，但不包括坐出租车和专车。绿色出行与其他环保行为相比，存在一定的特殊性，其一，人们选择绿色出行并不会带来成本上的增加，有时还有可能带来成本的减少；其二，人们从机动车出行转为绿色出行，会涉及个人出行舒适度的牺牲；其三，绿色出行对环境的影响是一种长期积累的作用，需要人们长期坚持绿色出行，才能带来效果，因此，关于绿色出行的研究不能仅看单次、短期的绿色出行选择，还要考虑如何增加人们的绿色出行频率，丰富人们的绿色出行方式，让人们在长期愿意坚持绿色出行；其四，与其他环保行为相比，绿色出行受到政策导向的影响较为显著，其中影响力度最大的政策是限行政策；其五，绿色出行不仅是一种个体选择行为，也会涉及家庭其他成员的选择，因此从决策来看，绿色出行不仅是一种个体决策，也涉及家庭的联合决策。

在本书的第一章和第二章中，已经对绿色出行的相关文献进行了梳理，这里就不再赘述。但是通过中西文献的对比可以发现，国内学者关于绿色出行的研究起步相对较晚，多数研究是从消费者的环保行为入手，专门针对绿色出行的研究较少，对于影响因素的分析也比较分散，缺少整合型的理论框架。基于此，本章借助扎根理论来探究北京市民绿色出行，通过质性研究来分析哪些因素将影响北京市民的绿色出行选择，并最终探索可行性政策的影响路径和作用机制。以下将分别介绍质性研究的设计和研究过程。

一、访谈的设计

本章采用了"一对一"半结构性访谈的形式来收集原始数据。半结构性访谈能够使访谈内容更具逻辑性和结构性，同时又能够给予受访者充足的空间来讲述自己的经验和看法。为了避免受访者对绿色出行持有不同的看法和认识，访谈的问题中没有特别提及绿色出行的问题，而是由其他问题引出绿色出行。访谈内容涵盖了六个部分：受访者个人的机动车出行和非机动车出行情况、受访者对待环保的态度、受访者对待政策的态度、受访者对待其他非机动车出行者的态度、非机动车出行的他人效应以及人们对非机动车出行的宣传反应（参见附录5）。我们邀请了2位教授和3位博士生对采访提纲进行了修改和调整，之后团队内部成员之间又进行了预采访，并额外邀请了5位受访者进行了"一对一"的预采访。根据多方的建议和意见，形成了最终的采访提纲。

在访谈的前一天，采访工作人员会先联系受访者，预约第二天访谈的时间，并告诉受访者这是一个有关城市家庭出行方式的调查。每位受访者的访谈时间约为 40 分钟，访谈形式主要是面对面访谈和电话访谈。在访谈开始之前，采访工作人员会告知受访者，此次采访需要进行录音，在得到受访者同意后，采访者会进行录音，并在采访之后，对录音进行整理，完成访谈内容的记录和备忘录，最终得到近 10 万字的访谈内容。在采访进行过程中，采访团队会每个星期召开一次会议，工作人员交流采访中的情况，并及时做出相应的调整。访谈内容的文字档案需要在采访结束后 3 天内完成。

为了使访谈的内容更加准确，同时也为了深入探索不同家庭成员对于绿色出行的态度以及在绿色出行中扮演的角色，在每个访谈结束后，采访工作人员会询问受访者，是否方便邀请家里的一位成员也接受同样的采访。其中有超过半数的受访者伴侣接受了采访。采访提纲与之前的提纲保持一致。在访谈结束后，我们也将受访者和家庭成员的采访内容进行了对比，发现双方的回答基本一致，也就是说，受访者所提供的信息基本上也能够反映其他家庭成员的信息和态度。

二、受访者的基本资料

本章通过网上招募的方式招聘受访者，受访者的基本要求是：家庭长期居住和工作在北京，已经拥有机动车。每位受访者在接受采访后会得到 100 元的报酬。为了尽可能地扩大受访者与受访者之间的差异（Castano et al.，2012），我们根据报名者的家庭结构、家庭月收入和家庭居住位置对报名者进行了筛选，并依据理论饱和原则来确认采访人数。理论饱和原则指出，当不再产生任何新的信息、范畴或属性时，当现有范畴能够概括所有参与者的经验时，当范畴之间的关系都能够被完整清晰地勾勒出来时，研究者就无须再收集新的数据（Fassinger，2005）。我们一共采访了 33 位受访者，经过饱和度检验，发现 30 位参与者已经达到了饱和，最终我们使用了 30 位受访者的采访内容以及 16 位参与者的家人的采访内容，总样本数为 46 人。

表 5 - 1 描述了每位受访者的情况。其中男性人数占总人数的 54%。超过 50% 的受访者年龄在 31~40 岁之间，还有 31% 的受访者年龄超过 41 岁。半数以上的受访者拥有硕士及以上学历。家庭结构包括独居、夫妻二人居住、

夫妻和小孩居住以及夫妻、小孩和老人一起居住四种类型。其中，15%的受访者为单身独居，50%以上的受访者已经拥有小孩。所有受访者都已经购买了机动车，其中，50%的家庭拥有1辆机动车，41%的家庭拥有2辆机动车，另有4人拥有3辆机动车。在家庭所在位置方面，20%的受访者居住在市中心（三环以内区域），30%的受访者住在郊区（五环以外区域）。数据显示，本章的研究受访者样本符合定性研究的多样性要求，覆盖了不同家庭结构、教育背景、家庭收入水平、家庭居住位置以及上班距离的受访者。因此，以下通过样本分析得到的结论也能够代表北京大多数家庭的整体情况和特征。

表5-1　　　　　　　　　　受访者资料一览

分类指标	具体类别	人数	所占比例
性别	男性	25	54%
	女性	21	46%
年龄	20～30岁	6	13%
	31～40岁	26	57%
	41～50岁	10	22%
	51岁以上	4	9%
教育背景	本科及以下	22	48%
	硕士	14	30%
	博士	10	22%
年收入	20万元及以下	18	39%
	21万～40万元	15	33%
	41万～100万元	9	20%
	101万元及以上	4	9%
家庭结构	单身独居	7	15%
	夫妻	9	20%
	夫妻和孩子	18	39%
	夫妻、孩子和老人	12	26%
家庭居住位置	市中心	9	20%
	市中心和郊区中间区域	23	50%
	郊区	14	30%

续表

分类指标	具体类别	人数	所占比例
家距离单位的距离 （公里）	5 公里及以下	14	30%
	6 ~ 10 公里	12	26%
	11 ~ 20 公里	10	22%
	21 公里及以上	6	13%
	居家工作	4	9%
家庭机动车数量 （辆）	1	25	54%
	2	17	37%
	3	4	9%

三、访谈资料的编码过程

（一）开放式编码

本章通过 NVIVO 软件来完成整个编码和框架构建过程。在访谈结束后，研究人员先将每一位受访者的访谈内容整理成文档形式，尽量使用受访者的原始语句，并避免话语的删减和修改，以求真实呈现受访者的态度和情况。随后，将每位受访者的文档导入 NVIVO 软件并对每个短语、句子和段落进行编码，为每个原始语句赋予初始概念。为了力求概念的客观和准确，我们在这个阶段邀请了两位博士生和一位博士后共同参与了添加概念标签的工作。三个人先分别独立编码，之后将三个人的初始概念标签进行反复的对比和分析，最终得到 489 条原始语句、74 个初始概念和 25 个范畴。

（二）主轴编码

在主轴编码阶段，本章再次梳理了相关的文献，对第一阶段划分的 25 个范畴之间的关系进行了分析和整理，提炼出了能够概括每个范畴的主范畴。主范畴的提取过程，一方面涉及了过去文献的梳理和对比，另一方面也经过了研究团队成员的协商和讨论。研究团队对主范畴进行了反复的分析、修改、对比和调整，力求构建最具归纳性的主范畴。最终形成了 8 个主范畴，即个体客观属性、出行客观属性、个体心理意识、家庭因素、社会规范、机动车替代品便利性、出行环境和政策因素。表 5-2 列举了主轴编码中所形成的每个主范畴以及相应包含的各个范畴和概念，为了节省篇幅，每个范畴内仅选取了 2 个提及次数最多的概念和对应的原始语句。

表 5-2   主范畴的形成

主范畴	范畴	原始语句（初始概念）
个体客观属性	性别	男生通常比较喜欢开车，因为开车很酷。（性别因素）
		女生一般喜欢穿高跟鞋出门，因此坐地铁很不方便。（性别因素）
	教育背景	一般学历高的人，环保意识会强烈一些。（教育背景）
		一般学历高的人，责任意识也会高一点。（教育背景）
	收入水平	有钱的人当然不在意出行的成本。（收入水平）
		开车的人可能都会有些希望炫耀的想法，但是相对低收入的人会更加明显一些。（收入水平）
	海外经历	出国之后发现那里的人都特别有环保意识，因此自己在国外待久了，环保意识也有所提高。（海外经历）
		在国外耳濡目染的，现在回来也习惯了要节约用水，随手关灯。（海外经历）
出行客观属性	出行目的	如果去见客户，通常都会开车。（商务目的）
		周末见朋友，就经常坐地铁。（休闲目的）
	出行时间	早高峰出门时，比较赶时间，所以即使地铁很拥挤，也只能乘坐地铁。（出行时间）
		小长假高速公路免费，所以会选择开车。（出行时间）
	出行距离	太太上班需要 20 公里，因此让她开车。（上班距离）
		幼儿园距离家只有 1 公里，因此步行。（幼儿园距离）
	家和目的地位置	如果去二环办事，会很堵车，所以虽然我很不喜欢地铁的环境，但是也只能地铁出行。（目的地位置）
		我家住在五环外，出行只能开车，别的方式都很不方便。（家的位置）

续表

主范畴	范畴	原始语句（初始概念）
个体心理意识	出行成本导向	我会去廉价的加油站加油，有时油价上涨就会考虑减少开车。（节约成本）
		我觉得有些地方的停车费还是很高的，因此去那些地方我就会选择其他出行方式。（成本考虑）
	环境保护意识	地球上的资源是有限的。（环境态度）
		保护环境是每个人都应该做的事情。（环保意识）
	健康防预意识	我最近开始骑自行车了，因为也可以作为一种运动。（出行与运动结合）
		有时走路上班，也是为了放松一下。（劳逸结合）
	舒适追求意识	就算不开车，我会打车。（机动车依赖）
		舒适度空间很重要，地铁里面人挤人，实在难以忍受。（空间舒适度）
	炫耀消费意识	做生意没有办法，为了门面也得开车。（追求面子）
		很多人开车就是为了显示自己的地位。（彰显财富）
家庭因素	机动车数量	那些家里有三辆车的人，只要出门就是开车的。（机动车数量）
		我家只有一辆车，只能夫妻轮流开。（机动车数量）
	家庭成员结构	家里老人会比较注意资源的节约。（老人影响）
		家里有了孩子才选择了买车。（孩子影响）
	家庭成员出行需求	太太上班较远，所以让太太开车，我选择地铁。（其他成员的用车需求）
		小朋友需要坐车去幼儿园，所以车子只能留在家里，我和先生都坐公交车上班。（其他成员的用车需求）
	家庭成员环保意识	我先生很注意环保，他每天都地铁上班，平时在家里总是提醒我们随时关灯，因此慢慢我也开始注意这些小事。（其他成员环保意识）
		在我们的影响下，孩子也开始注重节约能源。（其他成员的影响）

续表

主范畴	范畴	原始语句（初始概念）
社会规范	群体压力	朋友都买车了，所以我家也买车了。（参照群体）
		听说公交车很拥挤，所以我从来不乘坐公交车。（信息压力）
	社会风气	现在越来越多的人都开始跑步了。（运动潮流）
		现在地铁里不文明的现象在逐渐减少。（文明程度）
机动车替代品便利性	替代品的便利性体验	公交车有自己的专用道，速度很快。（公交车体验）
		在长安街上骑电动自行车很方便，又快速，完全不用担心堵车。（自行车体验）
	替代品的便利性感知	公交车很拥挤，所以我从来不坐公交车。（公交车感知）
		听朋友说平衡电动车很方便，我最近也在考虑买一个试试。（平衡电动车感知）
出行环境	天气状况	雾霾天就一定会开车出行的。（雾霾天影响）
		如果天气好，我会走路去上班的。（天气因素）
	安全程度	如果骑自行车安全的话，我愿意骑自行车出行。（自行车安全问题）
		公交车不安全呀，车上会有小偷。（公交车安全问题）
政策因素	政策方式	限号的作用很小，很多人都依然在限号日开车。（限制类政策）
		征收拥堵费就可以让一部分人放弃开车，或者避免开车到拥堵的地方了。（征税政策）
	政策力度	警察就应该严厉惩罚那些在限号日还开车出行的人。（政策力度）
		针对路上不文明开车的现象，也应该出台严厉的惩罚措施。（政策力度）

（三）选择性编码

研究对前两个阶段所归纳的主范畴进行梳理，确定本章的研究核心范畴，即"绿色出行"，该核心范畴包含三个方面的内容：绿色出行意愿、绿色出行频率和绿色出行方式选择。绿色出行意愿代表了人们是否愿意选择绿色出行；绿色出行频率指出行者多久会选择一次绿色出行；绿色出行方式选择是指人们会选择哪种出行方式来代替机动车出行。表 5-3 梳理和分析了本章的研究所涉及的各个主范畴以及主范畴之间的关系。

表 5-3 　　　　　　　　　　　主范畴的关系结构

典型关系结构	关系结构的诠释	受访者的代表性语句
个体心理意识 ——绿色出行	计划行为理论指出，个人心理意识能够影响人们的行为意愿，进而影响最终的行为。也有研究发现，个人心理意识能够影响消费者的环保行为	资源是有限的，因此每个人都应该节约资源。 每个人都对环境负有责任
机动车替代品便利性 ——绿色出行	认知理论认为，人们过去的经验将会影响到人们的行为；感知价值理论也指出，人们对产品的感知会影响到人们对产品的选择。因此，出行者对于机动车替代品便利性的经验和感知都将影响他们的出行方式选择和绿色出行频率	我有一次穿高跟鞋坐地铁，结果到了公司脚累坏了，以后就再也不在上班时坐地铁了。 我没有坐过公交车，因为感觉公交车很慢，而且无法到达想去的地方，要不停地换乘
个体客观因素 ——个体心理意识	个体客观属性的不同会导致个体心理意识方面存在差异，例如不同的海外经历会导致出行者持有不同的环境责任意识和环境保护意识	欧洲人都很注意资源的节约，因此我也习惯了，会随手关灯，节约用水。 如果出门是为了工作，比较赶时间，那就会开车；如果周末为了见朋友，不赶时间，就会地铁出行
社会规范 ——个体心理意识	群体压力理论指出，周围的人会给自己带来信息和规范的压力，其中规范压力会影响到个体的环境意识和责任意识。同时，社会风气也会影响到个体的炫耀消费意识。因此，本研究提出社会规范会影响个人心理意识	现在很多人近距离也开车，宁可堵在路上也不坐地铁，因为他们觉得开车是一件值得炫耀的事情。 如果整个社会都提高对环保的重视，那么个人环保意识也会有所增强的
社会规范 ——机动车替代品便利性	群体压力中的信息压力会影响个体对于事物的感知。因此，本研究认为，出行者所面对的社会规范会影响到其对于机动车替代品便利性的感知	我同事每天乘坐公交车上班，但是他经常抱怨公交车太慢，公交专用道被机动车占道，因此我也不会选择公交车出行，太耽误时间。 北京地铁其实很方便，速度很快，所以我现在基本都是地铁出行

续表

典型关系结构	关系结构的诠释	受访者的代表性语句
个体心理意识×家庭因素——绿色出行	目前在消费者行为领域，有关家庭因素对行为影响的研究还较少，国外有学者发现，家庭的基本情况会在家庭出行方式选择方面发挥作用	虽然我十分在意出行的舒适感，但是我太太距离单位较远，需开车上班，因此我只能坐公交车上班。 虽然我不认为个人行为能够带来环境的改善，但是我先生很注意环保，他每天都地铁上班，平时在家里总是提醒我们随时关灯，因此慢慢我也开始注意这些小事
机动车替代品便利性×家庭因素——绿色出行		虽然我很喜欢骑自行车上班，也觉得骑自行车很方便，但是为了送小朋友上学，只能开车。 我觉得公交车不太方便，但是我太太很重视环保，她经常建议我乘坐公交车，因此我每周在限号那天都会公交车出行
个体心理意识×出行客观属性——绿色出行	出行客观属性包括出行时间、出行目的、家和目的地的位置，这些都是出行者无法改变的实际情况，根据这些情况的不同，出行者个体心理意识或机动车替代品便利性对于绿色出行的影响，会被相应的强化或弱化	虽然我很喜欢开车，但是如果要去交通非常拥堵的地方，则只能选择地铁出行。 我觉得人们应该通过减少开车来达到环保的目的……但是如果周末去打高尔夫球，去的地方较远且要携带球杆等重的物品，只能开车
机动车替代品便利性×出行客观属性——绿色出行		我觉得地铁很快，但我家距离地铁站的距离太远，每次都要走很久，只能开车。 周末如果去见朋友，我会地铁出行，如果送孩子去上英语课，我只能开车出行

续表

典型关系结构	关系结构的诠释	受访者的代表性语句
个体心理意识×政策因素 ——绿色出行	政策对于消费者行为影响的研究主要集中在经济领域的税收方面，在环保行为方面的研究中相对较少，但是之前曾有学者发现，政策因素能够调节个体意识对于绿色出行的影响。因此，本研究提出政策因素能够调节个体心理意识/机动车替代品便利性对绿色出行的影响	我不支持雾霾天限号，因为无法证明雾霾就是由于机动车导致的，我在雾霾天还会继续开车的。 环保本来就是未来的趋势，而政府又给予相应的补贴，所以我们在考虑购买电动车
机动车替代品便利性×政策因素 ——绿色出行		电动车的续航里程较短，不太方便，但是如果政府出台单双号限号政策，我们只能买一辆电动车。 虽然公交车不太方便，但是如果政府出台征收拥堵费或燃油税的政策，我可能就要考虑公交车出行
个体心理意识×出行环境 ——绿色出行	消费行为学中已有越来越多的学者研究环境因素对于消费者行为的影响，国外也有学者提到出行目的地环境对出行者出行方式的选择。本研究认为，出行环境因素中的天气因素和安全程度会对调节个体心理意识/机动车替代品便利性对绿色出行的影响起到调节作用	我是很注重环保的，过去经常骑电动自行车上班，但是去年和在自行车道上逆行的快递车相撞，躺了半年，从此再也不骑电动自行车了。 汽车尾气对雾霾肯定有影响，但是雾霾天我依然会开车出行
机动车替代品便利性×出行环境 ——绿色出行		走路很方便，但是北京能够步行的天气太少了，如果空气质量好，我会走路去上班的。 地铁虽然不太方便，但是遇到下雨天，经常会发生全市堵车的情况，也只能地铁出行了

第三节　中国城市家庭绿色出行的影响因素分析

基于上述的编码过程，本章最终构建了城市家庭绿色出行影响机制模型（详见图5-1）。该模型对影响市民绿色出行的内在因素和外在因素进行了有机的结合。从内在因素来看，出行者的个体因素、家庭因素以及出行客观因素都会影响到最终的出行行为；而从外在影响来看，社会因素、出行环境因素、政策因素以及机动车替代品的便利性因素也会对出行者的出行行为带来影响。此外，该模型还解释了各个影响因素对最终的绿色出行行为的作用路径和影响效果，影响因素包括直接影响因素、间接影响因素和调节影响因素。

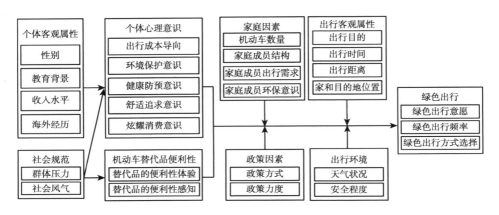

图5-1 城市家庭绿色出行影响机制模型

一、直接影响因素

北京家庭绿色出行行为的直接影响因素包括内在的个体心理意识和外在的机动车替代品便利性。前者导致出行者主动或被动选择绿色出行，也就是主要影响了绿色出行的意愿和绿色出行频率，而后者则主要影响了出行者的绿色出行方式选择。个体心理意识包括出行者的出行成本导向、环境保护意识、健康防预意识、环境责任意识、舒适追求意识以及炫耀消费意识。以出行成本为导向的消费者，会在出行时考虑机动车的成本问题，并在成本较高时放弃或减少机动车出行方式。从环境责任意识的角度来看，部分受访者表示，无法确认机动车出行是否会对雾霾天造成影响，这导致他们依然选择在雾霾天机动车出行。因此，个体所持有的机动车出行责任意识，也会对他们的绿色出行意愿带来影响。环境保护意识强烈的出行者，希望通过绿色出行这种方式来进行环境保护。健康防预意识强烈的出行者，会考虑将出行方式与运动结合起来，通过步行、骑自行车等出行方式来达到健身的目的。对于高度追求舒适度的出行者，他们会陈述"任何时候都是开车出行"事实并表示期望的出行方式依然是开车。他们对出行的空间舒适度有高度的追求，因此他们的绿色出行意愿很低。具有强烈的炫耀消费意识的出行者，希望通过开车来提高自己的社会地位，或者彰显财富，因此他们的绿色出行意愿也很低。

　　机动车替代品的便利性能够直接影响出行者的绿色出行方式选择。替代品便利性这一主范畴，包含便利性体验和便利性感知两个范畴。机动车替代品主要包括公共汽车、轨道交通、自行车、步行等出行方式。有些受访者曾经体验过其中的一种或几种出行方式，也有受访者从来没有体验过其中的某种出行方式。对于体验过的受访者来说，过去的经历会影响到他们未来的选择。例如，有受访者提及，自己曾经坚持骑电动自行车上班，后来因为发生了交通事故，在自行车道与逆行摩托车相撞，从此再也不敢骑电动自行车了。也有受访者表示，乘坐过公共汽车后，发现非上下班高峰时，公交车还是非常方便和快速的，因此，他们愿意在未来不赶时间时，继续乘坐公交车出行。另外，有些受访者从来没有乘坐过公交车，因此他们只是觉得公交车非常不方便，无法到达他们想去的地方。对于这些受访者来说，便利性感知会直接影响到他们未来对于出行方式的选择。

二、间接影响因素

　　内在的个体客观属性包括个体的性别、教育背景、收入水平和海外经历。个体客观属性通过影响个体心理意识来间接影响北京家庭的绿色出行行为。国内外学者都曾在研究中发现，出行者的性别、教育背景和收入水平能够在其出行方式选择方面发挥一定的作用（Palma and Rochat, 2000；杨冉冉、龙如银，2014），但是几乎没有学者提到出行者的海外经历对其绿色出行行为的影响。本章的研究发现，有过海外留学经历或工作经历的受访者，环保意识和责任意识都相对较高。一些受访者提到，他们在海外目睹了其他国家的公民如何爱护自己国家的环境，如何节约资源，经过潜移默化的熏陶，他们慢慢也意识到每个人都对环境负有一份责任，每个人都可以通过自己的努力来为环境带来一点改变。因此，他们愿意放弃或减少机动车出行来达到环境保护的目的。

外在的社会规范包括群体压力和社会风气。群体压力是当个体意念与群体规范发生冲突时，个体所感知到的心理压迫感。于伟（2009）通过研究发现，群体压力能够增强消费者的环保意识，从而促成绿色消费行为的产生。本章的研究也通过访谈发现，部分受访者称，由于身边的朋友都在提及环保问题，因此自己也开始关注。社会风气指社会上或某个群体内，在一定时期和一定范围内竞相仿效和传播流行的观念、爱好、习惯、传统和行为。有受访者提到，目前社会公认开车是一种身份的象征，这导致部分受访者即使距离单位很近，也要开车上班。这种情况下，就是社会风气引发了出行者的炫耀消费意识，导致其绿色出行意愿降低。此外，群体压力和社会风气也会对出行者的替代品便利性感知带来影响，在这种影响下，即使受访者没有体验过某种出行方式，也会对这种方式持有某种良好或不佳的感知，这也就将影响到他们的出行方式的选择。

三、调节影响因素

研究发现，内在的家庭因素和出行客观属性以及外在的政策因素和出行环境都能够对个体心理意识和机动车替代品便利性对绿色出行的影响路径产生调节作用。家庭因素包括家庭拥有的机动车数量、家庭结构、家庭其他成员的出行需求和家庭其他成员的环保意识。在采访者中发现，虽然有些受访者具有很强的环保意识，但是随着孩子的出生也不得不购买机动车，因为他们表示带孩子出行时，如果不开车就太不方便了。还有的男性受访者，自己十分喜欢开车，高度追求出行的舒适度，但是由于太太距离单位较远，且家中只有一台车，因此只能让太太开车出行，自己乘坐地铁出行。本章通过访谈发现，很多受访者都提到自己配偶或父母的环保行为，对自己产生了影响并在日常行为中有所体现。也就是家庭成员的环保意识能够加强个体心理意识对绿色出行的影响。同样，在交通便利性方面，有些家庭虽然距离地铁站很近，出行方便，但是为了开车送孩子上学，只能选择机动车出行。

出行的客观属性包括出行目的、出行时间、出行距离以及家和目的地位置。这些都是一次出行中无法改变的客观属性。也就是说，无论个体心理意识如何，也无论机动车替代品的便利性如何，出行家庭都必须根据出行的客观属性来进行调整。例如，有受访者就表示，如果要去二环办事，就会选择地铁出行，因为开车实在过于拥堵，停车费用也很高。同样，有受访者称，平时都会地铁出行，但是如果要去打高尔夫球，就会选择开车，因为要携带的东西太多，不是很方便。出行距离也是一个重要的调节变量，采访发现，上班距离在3公里以内的受访者，都曾经有过步行上班的经历。而上班距离在5公里的受访者中，有超过半数的人表示曾经或即将选择骑自行车上班。

政策因素包含政策的实施力度和政策的方式。很多受访者表示限号依然会开车出门，就是因为发现开车并没有被罚款。这就与政策的力度有关。同样，也有出行者提到应该通过严厉的惩罚措施来阻止那些限号依然开车的出行者。环境责任意识低、炫耀消费意识高的受访者，在面对严厉的惩罚政策时，也不得不做出相应的出行方式调整。在政策方式方面，限制、惩罚、奖励、收费四种方式各有利弊，不同的出行者对政策的反应也会各不相同。有受访者表示会选择购买第二辆车或购买电动车来抵消单双号限行的影响。另外，也有些受访者提到在未来会购买电动车，其中最大的原因就是电动车不限行，不限号，也有受访者提到，希望购买电动车是因为可以享受政策补贴。另外，也有受访者指出，如果政府通过行政手段来提高出行成本，如征收拥堵费、提高停车费、征收燃油税等，他们会选择其他出行方式来代替机动车出行。同样，对于出行成本导向的出行者来说，政府提高出行成本将可能影响他们选择其他方式出行，但是对于非出行成本导向的出行者来说，出行成本的提高可能导致路上车辆的减少，这样或许会增加他们对于机动车出行的意愿。

　　环境因素包含客观天气因素和出行的安全程度。虽然超过半数的受访者支持雾霾天单双号限行的政策，但是仅有 2 人表示会在雾霾天选择不开车，其他受访者都表示雾霾天会继续开车。相反，近 1/3 的受访者表示，当天气好时会选择步行或骑车上班。在安全方面，部分受访者放弃骑自行车出行的原因就是因为骑自行车不安全。另有受访者也提到公交车上可能会遇到偷窃行为，这直接造成了他们对于公共交通的不良印象。也就是说，即使出行者认为公交车出行很方便，但是也会因为公交车出行的安全性问题而改成其他出行方式。

第四节　出行人群划分矩阵

　　基于质性研究的内容分析，本章根据中国城市出行者的实际出行情况以及理想出行情况，将中国城市出行者分成四类，详见图 5－2。其中，横轴代表受访者的实际出行情况，纵轴代表受访者的理想出行情况。"机动车热衷者"是指那些理想状态和实际状态都选择了机动车出行的出行者；"机动车被动者"指实际情况不得不选择机动车出行，但是理想状态希望选择非机动出行的出行者；"绿色出行热衷者"指理想状态和实际状态都选择了绿色出行方式的出行者；"绿色出行被动者"则是指理想状态期望机动车出行，但是实际情况下不得不选择绿色出行的受访者。需要注意以下三点：其一，这个分类针对的是家里已经有机动车的群体，对于家里还未购买机动车的群体，不属于这个范围；其二，部分受访者可能偶尔会选择其他出行方式，如"机动车热衷者"会表示"我只有出去喝酒的时候不开车"，但是不能认为他在出门喝酒时，就从机动车热衷者变成了绿色出行被动者，这里指的实际情况是大多数情况；其三，这个分类是针对个体出行者的分类，每个家庭中可能存在着不同的出行者，如先生是机动车热衷者，而太太是绿色出行热衷者。

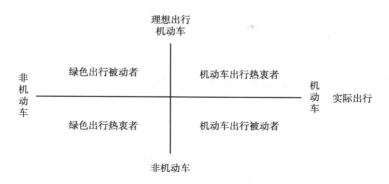

图 5-2　拥有机动车的城市出行者分类矩阵

一、机动车热衷者

在采访的 30 位受访者以及 16 位受访者伴侣中，有 15 人（33% 的受访者）属于机动车热衷者，这个群体均表示"只要出门就开车"，同时未来理想的出行方式也是"开车出门"。通过对机动车热衷者群体的分析可以发现，该群体以男性居多。群体中有超过半数的受访者，年收入在 30 万元以上，同时年收入超过百万元的 7 位受访者中，有 4 人属于这个群体。总体来讲，这个群体为高收入人群。教育背景以本科居多，仅有 4 人拥有硕士及以上的学历背景。超过 50% 的机动车热衷者家里都有两辆车及以上的车。此外，该群体的家庭结构以单身和夫妻二人居住为主。该群体基本不考虑出行的成本问题，由于两辆车可以更替出行，因此出行也不会受到政策限制，他们中大部分人都对政府单双号政策持"无所谓"的态度。开车对他们来说是一种享受，因此他们难以忍受没有车的生活。他们中多数人都不是环保主义者，他们不相信个人的努力能够带来环境的改变。此外，仅有 2 人会在家里关注节约用水用电的问题。在运动方面，这个群体中仅有 30% 的受访者表示平时会坚持运动，而且他们的健身方式多为健身房游泳、打球等运动，几乎没有受访者提到跑步、走路等方式。因此，他们也不大会考虑将健身与出行方式结合起来。

二、机动车被动者

采访者中有 10 人（22% 的受访者）属于机动车被动者，他们理想的状态都是远距离乘坐公共交通，近距离步行或骑自行车。该群体以女性为主，家庭年收入比较分散，但是没有超过百万元的收入。教育背景相对较高，超过 70% 的受访者拥有硕士及以上学历。该群体的家庭结构多为已婚且有 70% 的受访者已经有了孩子。这个群体中很多人自身或者他们的家人都具有比较高的环保意识，他们相信个人的环保行为能够对最终的环境带来改变。超过半数的受访者居住在五环以外，仅有 1 人住在四环以内。同时，50% 以上的受访者上班距离超过了 10 公里，上班距离普遍较远。因此部分受访者不得不选择机动车的原因，就是因为没有其他的选择或其他的选择非常不方便。有受访者称："我家住在五环外，只有一条轨道交通线，导致上下班时间非常拥挤。公交车又要走很远，没有办法，只能开车。"也有受访者表示："我们家距离地铁站很远，每天如果穿着高跟鞋走到地铁站，实在太不方便了。"除此之外，送孩子上幼儿园也是这个群体不得不驾驶机动车出门的原因。"每天必须要送孩子上幼儿园，如果不用带孩子出门，我能忍受一直没有机动车的生活。"特别要注意的是，这个群体中没有受访者支持政府在雾霾天单双号限行的政策，且仅有 1 人持无所谓的态度，其他受访者均表示不支持政府的单双号限行政策，因为"会对生活带来很大的不方便，还要和小区其他家拼车送孩子上幼儿园。"也有受访者指出："出行本来就是市民的自由，如果政府要限行，那么也需要将公共交通系统完善好，否则现在这样，限行只能打车，但是早晚下班打车又打不到，太不方便。"

三、绿色出行热衷者

绿色出行热衷者群体是指经常选择非机动车方式出行，且理想状态也是非机动车出行的受访者。受访者中有 16 人（35% 的受访者）属于这个群体。这个群体的平均家庭年收入很高，家庭年收入超过百万元的 7 位受访者中有 3

人属于这个群体。这个群体拥有良好的教育背景，且大多数都有海外生活的经历。近80%的受访者相信个人的努力能够带来环境的改变，同时大多数受访者在日常生活中都很重视资源的节约，他们会特意节约用水用电。这个群体中有65%的受访者每周坚持运动。该群体的家庭结构比较分散，涵盖了各种类型，不过也需要注意的是这个群体中超过半数的人都住在四环以内。在上班距离方面，仅有2人的上班距离超过10公里。他们出行方便，有受访者称："我家住在二环，楼下就是地铁，很方便。所以我根本不用开车，我家的车都是借给别人开的。"也有受访者表示："公司给我配了车，但是我几乎不开，北京的轨道交通非常方便，根本不用开车。"这个群体对于政府的单双号限行政策比较支持，仅有不到30%的受访者表示反对政府的雾霾天限号政策。

四、绿色出行被动者

绿色出行被动者群体包含那些理想状态希望开车出行，但是现实情况只能选择非机动车出行的受访者。受访者中有5人（10%的受访者）属于这个群体。他们的家庭年收入水平属于四个群体中最低的，家里均只有一台车。部分受访者成为绿色出行被动者的原因是，家里其他成员更需要用车。例如，一位受访者指出："本来我都是开车上班的，但是现在家里小孩子上幼儿园需要用车，因此我只能坐地铁上班。"也有受访者称："我太太的单位离家比较远，所以只能让她开车，我坐公交车。"也有部分受访者被动选择非机动车出行，是源于成本考虑。他们很关注用车的成本问题，密切关注油价的变化，希望找到省钱的加油方式。有受访者称："我会在网上买一些加油打折券。"也有受访者指出："我上班的地方停车费很贵，所以我只能选择轨道交通出行。"但是这些受访者通常在周末会选择机动车出行，从而满足自己希望开车出行的愿望。

通过上述分类可以发现，目前中国城市家庭出行包含以下几个方面现状：首先，不同家庭存在不同的出行者，但是如果家庭中有一位绿色出行热衷者，那么其他成员成为绿色出行热衷者的概率也比较高。有受访者称："我先生一直坚持地铁上班，所以在他的带动下，我现在也是骑自行车上班。"其次，就本书研究的受访者来看，处于绿色出行被动者的人数比例最低。有受访者指出，这是由于"消费者的心态问题，很多人现在买车都还是为了炫耀，而不是将其视为代步工具，我有一些同事，即使距离单位很近，开车很堵，也要开车。"最后，出行者的归属不是一成不变的，随着收入的增长、年龄和阅历的提升、居住位置的调整或其他因素的改变，出行者可能从某种归属变成另外一种，如绿色出行被动者有可能成为机动车热衷者。有一位绿色出行被动者就提及："我们一直在摇号，摇到就再买一辆车，这样我就不用坐公交车上班了。"但是机动车被动者也有可能转化为绿色出行热衷者，有的受访者就表示："如果我家旁边开设了直接到公司附近的公交车，我会选择每天公交车出行。"

第五节　研究结论和启示

一、研究结论

本章通过质性研究的方法，构建了城市家庭绿色出行影响机制模型。该框架从个体自身的因素和外在的社会因素出发，分析了它们如何通过影响个体内在心理（个体心理意识和替代品便利性感知）而影响个体的绿色出行行为，揭示了人们选择绿色出行的内外作用机制。与以往的研究相比，本章所构建的城市居民绿色出行的影响因素分析框架引入了个体海外经历、出行成本导向、健康防预意识、舒适追求意识、炫耀消费意识以及替代品便利性体验和感知等影响因素，同时提出了家庭因素的调节作用，丰富了现有的绿色出行研究的前因变量，拓展了研究的外延，为未来学者的相关研究提供了坚实的理论基础。

此外，本章根据中国城市出行者的实际出行情况以及理想出行情况，将中国城市出行者分成机动车出行热衷者、机动车出行被动者、绿色出行热衷者和绿色出行被动者，并基于访谈内容对每类出行者的特征进行了初始的描述。未来学者可以基于这种分类方法，进一步分析每类人群的特征以及他们相应的出行动机和出行选择。并可基于此种分类方法，探究与绿色出行相关的行为研究，如共享单车的采用行为、电动汽车的购买行为等。总之，这一分类方法为以后的研究提供了新的切入点。同时，也能够帮助政府和企业更好地理解城市出行者，精准定位自己的目标人群。

本章目前仅将北京作为中国城市的缩影来开展研究，因此还存在一定的局限性。在未来可以考虑将更多城市纳入研究的范围，开展针对不同城市的质性研究，了解每个城市的具体情况。同时，本章的研究目前还处于质性研究阶段，还需要更多的数据来支持和检验。未来研究一方面可以通过调查问卷的方式获得出行者的实际行为数据，对模型进行检验。另一方面也可以开展田野实验的方式，对模型中的某个影响因素进行分析和探索。例如，直接影响因素：机动车替代品便利性。研究人员可以通过田野实验，让从未体验过机动车替代品（如公交车、共享单车）的被试体验这些出行工具，之后检验这种体验是否会影响到他们未来的出行方式。

二、政策建议

本章提出的"拥有机动车的城市家庭出行者分类矩阵"以及"城市家庭绿色出行的影响机制模型"能够帮助政府更有针对性地制定与绿色出行相关的政策以及奖励和惩罚机制，从而更好地引导和鼓励人们开展绿色出行行为。

首先，政府应该意识到，无论是何种政策、奖励或惩罚机制都没有办法对所有人产生效果。例如，"机动车热衷者"可能完全不在意金钱惩罚，因为他们坚持"出门就要开车"的原则，即使在限号的日子也会认罚出行，同时他们拥有较高的收入水平，因此他们也不在意出行的成本。对于这个群体的引导，更多地应该从观念入手，通过宣传手段和示范作用来改善他们的出行观念，引起他们对于环境保护的关注，让他们意识到自己对环境也负有责任，自己可以通过努力来改善环境；或者增强他们的健康意识，让他们尝试将健身与出行结合起来，鼓励他们选择自行车或步行作为健身的方式。

其次，政府需要意识到改善出行环境是势在必行的事情。如果政府希望越来越多的人选择绿色出行方式，那么就需要营造一个绿色出行的氛围。政府可以一方面提高机动车替代品的便利性，另一方面增强其他出行方式的安全性。从便利性的角度，设立社区到地铁站班车、增加地铁站附近停车场等形式来缩短人们从家到轨道交通的距离、增加公交车的班次和线路、提高公交车的准时性、设立更多的公交车专用道并严惩私家车占用公交车道的行为等方式，都有助于提升人们对机动车替代品便利性的体验。另外，政府也应该加大对地铁、公交车出行的宣传，让从未体验过公共交通的出行者了解公共交通的优势，进而提升出行者对于公共交通便利性的感知。从安全性的角度来看，增加自行车专用道并严惩占用自行车专用道的私家车以及在自行车道逆行的车辆，将大大提升自行车出行的安全性。此外，加大地铁的管理力度，杜绝地铁中的乞讨、偷窃等行为也会增加人们出行的安全性。通过这些方法，能够从一定程度上解决机动车被动者在出行时遇到的困难，同时也能让绿色出行热衷者继续保持对于绿色出行的热衷。

再次，政策对于绿色出行并不是直接影响作用，而是调节影响作用。这也解释了为什么"限制手段"并不能从根本上改变出行问题。有一部分出行者对于机动车存在刚性需求，他们即使限号也会选择"认罚"。例如，部分机动车被动者是由于一些客观原因造成的，如送孩子上学、家庭居住位置偏远，没有什么其他出行选择。这种情况下，限制等手段就失去了效果，只能通过增加校车、增加社区到市中心固定点的班车等方式来满足人们的客观需求，从而引导人们选择绿色出行方式。

最后，针对一部分绿色出行被动者来说，成本是他们出行时必须要考虑的问题。针对这部分出行者，出行成本的变动会直接导致他们对最终出行方式的选择。因此，一方面政府可以通过征收拥堵费、提高拥堵区域的停车费等方式来持续减少他们的机动车出行意愿，让他们继续停留在绿色出行被动者的类别。另一方面，政府也可以通过补贴等方式来减少他们的绿色出行成本，进而提高他们的绿色出行意愿，有助于推动他们从绿色出行被动者转化为绿色出行热衷者。

三、管理启示

目前，越来越多的企业都在环保趋势的推动下，进入了环保产业，开发和推广与出行相关的环保类产品。但是，如何为这些产品打造更具针对性的营销计划，让产品直接契合使用者的需求，提升消费者对于这类产品的购买意愿，是企业需要思考的问题。本章的研究结论能够为这些企业带来以下三方面的启示。

第一，很多汽车企业都在大力研发电动汽车，但是到底什么样的群体真的需要或者会愿意购买电动汽车，是企业需要思考的问题。通过本章的"拥有机动车的城市家庭出行者分类矩阵"可以发现，最有可能购买的群体是"机动车热衷者"和"绿色出行被动者"，他们的共性就是对开车本身有着强烈的喜爱，或者对出行的空间舒适度有着高度的追求，或是希望通过开车来展现地位，他们的理想出行方式是自驾出行。那么对于不在意出行成本的机动车热衷者来说，电动汽车的新鲜感和趣味性能够引起他们的兴趣，因此，国产的电动汽车应该最先定位这个市场，并以新鲜、高科技、潮流、身份象征等营销卖点来吸引这个群体的注意。而对于比较在意出行成本的绿色出行被动者来说，国产电动汽车是一个不错的选择，能够享受政府补贴又能用节省了加油的成本。产品的宣传重点放在节约成本、节省能源方面，让消费者看到购买电动汽车可以为自己带来的效益，从而提升购买意愿。另外，对于家里仅有一台车，为了协调家庭成员需求而无法开车的出行者来说，电动汽车的不限行、不限号政策又能帮助他们尽快满足家里成员和自己对于汽车的需求。针对这个市场，企业的宣传侧重点应该放在节约成本、节省能源方面，让消费者看到购买电动汽车可以为自己带来的效益，从而提升购买意愿。

第二，电动自行车更加能够满足绿色出行热衷者和机动车被动者的需求。对前者来说，环保的出行方式是他们所追求的，同时大多数出行者都住在靠近市中心的位置，家到上班的距离较近，因此电动自行车可以满足他们环保的愿望又不会给他们的出行带来"出行时间较长"的困扰。针对这部分消费者，电动自行车的环保、短距离出行伴侣等营销字眼将极具吸引力。对于机动车被动者来说，电动自行车的方便、省时、不堵车、能够安全携带小朋友一起出行等卖点，能够直接切中他们的痛点，进而提升这部分消费者对于电动自行车的购买意愿。

第三，绿色出行的推进，对于处于低谷的自行车企业来说是一次新的机会。尤其对于那些追求健康生活的出行者来说，如果能够成功引导他们将健身和出行结合起来，那么就既能满足了他们的需求，也能推动了企业的产品。因此，自行车企业的营销侧重点应该从产品本身转移到理念上，推动新的生活方式和理念，并邀请一些意见领袖来展示这样的生活方式，从而营造一种将出行和健身结合在一起的社会风气，进而潜移默化地改变人们对于健康出行的追求，最终推动消费者的自行车购买行为。

第四，绿色出行也为共享经济提供了更多的机会。例如，目前风靡北京的共享单车模式，其目标定位人群就是出行成本导向型消费者，以及环境保护意识和健康预防意识强烈的消费者，通过环保、健康、省时省钱等卖点来提升他们的参与意愿。此外，它还围绕着"便利性感知"和"便利性体验"进行了一系列的宣传推广，实现了显著的营销效果。

第六章　绿色回收行为探索

第一节　研究简介

近几年，随着中国环境问题的逐渐凸显，中国政府对于环境保护的重视程度也在不断增强。政府一方面反复倡导企业要承担环境保护的责任，另一方面也在通过各种政策和手段鼓励公众购买环保产品、开展环保行为。消费者的回收行为，作为一种重要的环境保护行为，能够衡量人们是否拥有绿色低碳生活方式；作为消费行为的重要环节，也是消费行为的延伸和拓展，是人们对于使用过的产品的处理方式，能够影响到人们未来的消费行为。回收行为的开展不仅有助于促进人们开展其他环保行为（如购买环保产品），更有助于推动国家生态文明建设的发展。再生资源回收利用是建立低碳社会、增强可持续发展能力的重要途径之一，旧产品的回收能够帮助资源再次分配和利用，避免资源的浪费，真正体现十八届三中全会提出的"节俭养德全民节约行动"的重要内容。

旧衣回收作为一类重要的旧产品回收项目，能够为环境保护带来巨大的贡献。根据民政部发布的数据，我国每年在生产和消费环节产生 2000 万吨左右废旧纺织品，再利用率不到 14%，大量废旧纺织品特别是废旧服装存留在各家各户的衣橱中，甚至是许多工厂企业的仓库中，形成客观存在的资源浪费。据测算，如果我国废旧纺织品全部得到回收利用，年可提供化学纤维 1200 万吨、天然纤维 600 万吨、减少二氧化碳排放 8000 万吨、减少耕地占用 2000 万亩；还能将其资源转化到建筑材料、水利公路、医疗卫生、汽车内饰、家具制造等诸多产业。在这样的数据推动下，越来越多的非营利组织加入旧衣回收的行动中来。近几年，一些服装企业也开始举办旧衣回收活动，希望借此吸引提升企业的形象和口碑，引起消费者对企业的关注。

有学者指出，企业是否开展回收行为与消费者要求回收的意愿直接相关（王兆华、尹建华，2008）。那么公众是否有意愿进行旧衣回收呢？如果公众希望进行旧衣回收，他们的顾虑和期望又是怎样的呢？政府和企业如何才能鼓励公众参与到旧衣回收的项目中来呢？这些都是本章的研究将要回答和解决的问题。因此，本章主要是从企业、组织和政府的旧衣回收项目的角度出发，关注企业、组织和政府如何通过干预策略来启动消费者参与这类旧衣回收项目的行为。

基于此，本团队选择了将质性研究和田野实验相结合的方式来进行研究。质性研究阶段通过"一对一"访谈的形式来获得一手数据，发掘公众参与或者不参与回收项目的原因以及影响公众回收行为的因素；田野实验阶段，我们选择了两家服装品牌（以下称作 H 品牌和 Z 品牌）既有的旧衣回收项目作为田野实验环境。H 品牌和 Z 品牌均是来自欧洲的快时尚品牌，其目标受众是 19 ~ 45 岁、热爱时尚和潮流的消费者。其中 H 品牌的旧衣回收活动已经在中国开展了三年，消费者可以将任何品牌的衣服带到 H 品牌进行回收，每小袋衣服能够换取一张 8.5 折卡，用于购买 H 品牌的一件商品。Z 品牌的旧衣回收活动从 2016 年 5 月才刚开始，Z 品牌店铺内设有旧衣回收箱，消费者可以将旧衣放在回收箱内，但是不会得到任何奖励。此外，H 品牌和 Z 品牌的品牌定位、服装风格、价格设置和目标人群等都基本一致，避免了品牌差异对实验结果造成的影响。我们通过田野实验来获得公众的实际行为数据，构建先行性干预策略和结果性干预策略对公众旧衣回收行为的启动机制，即如何通过干预策略来促进那些未参与过旧衣回收项目的公众来加入旧衣回收项目，开展旧衣回收行为。最后，本章还基于研究结果，为政府、公益组织和企业的回收项目推广提供了切实、有效的建议。

第二节 相关文献的介绍

旧衣回收行为是指旧衣传递给他人再次穿着、转换为其他产品的再次利用以及转换为新的纺织产品或其他形式的循环使用的行为。对于消费者来说，旧衣回收行为不仅包括个人将旧衣捐献给旧衣回收机构、投放在旧衣回收箱、捐给旧衣回收企业的行为，也包括个人将旧衣赠予朋友和亲戚来实现"再次穿着"的行为。

回收行为作为一种环保行为，得到了国内外学者的关注。国外学者对于回收行为的研究主要集中在三个方面：第一，消费者相关特性（如态度、性格等）的影响（Schultz and Oskamp，1996；McCarty and Shrum，2001），最近两年也有学者开始对参与回收行为的人群进行分类划分（Trudel，Argo and Meng，2016）；第二，关于外在刺激的研究，其中包括宣传信息、经济奖励、教育等影响因素（Lord，1994；White et al.，2011；Welfens et al.，2016）。第三，关于产品本身的探讨（Trudel and Argo，2013）。

在产品类别方面，国外学者不仅关注电子废弃物、食品包装等物品的回收行为，也关注旧衣回收行为。尤其自2010年以来，国外学者有关旧衣回收的文章数量呈显著上升趋势（Laitala，2014）。西方学者发现，个体、产品、环境因素以及消费者对旧衣回收渠道的熟悉程度都会对消费者的旧衣回收行为造成影响（Albinsson and Perera，2009；Domina and Koch，1999；Koch and Domina，1997）。消费者普遍缺乏旧衣回收的相关知识，因此教育类的宣传活动有助于推动未来的旧衣回收行为（Stall-Meadow and Goudeau，2012）。此外，当人们选择回收渠道时，便捷是主要的考量因素（Birthwistle and Moor，2007）。另外，也有数据显示，旧衣回收中孩子的衣服占比要高于成人的衣服（Sego，2010）。西方学者在旧衣回收行为的研究中多采用"一对一"访谈和田野实验的方式，也有少数学者运用了问卷调查的方法收集数据。

国内学者对回收行为的研究多基于计划行为理论的模型框架，通过问卷调查来收集数据。余福茂等（2011）研究了从态度、主观规范到电子废弃物回收行为之间的路径；其后，陈占峰等（2013）的问卷调查数据也显示，感知的行为控制、经济成本、回收态度、环保认识等因素对消费者参与电子废弃物的回收行为意向具有影响；该结论还被倪明（2015）等在大学生废旧手机回收行为的问卷调查研究中得到了验证。其他影响因素的研究还包括：吴刚等（2010）将家电回收分为规范回收和非规范回收两种形式，通过问卷调查来了解不同的家庭结构、收入水平、所在城镇等对居民参与旧家电回收行为的影响；王建明（2013）通过问卷调查构建了从资源节约意识到资源节约行为的作用机制模型，并引入了中国文化背景中面子观念和群体一致的维度；李春发等（2015）基于电子废弃物的回收网站平台，通过问卷调查来研究网站设计的交互性和消费者交易感知对消费者参与回收行为的影响。也有少数学者从企业的视角出发，探究家电企业电子废弃物回收行为的影响因素，结果发现回收法规与环境政策、消费者要求回收的意愿、管理者的回收意识、回收的经济效益对生产者回收行为具有正向影响（王兆华、尹建华，2008）。

综上所述，国内学者的研究视角多集中在电子废弃物的回收行为研究，但是旧衣回收行为不同于一般的回收行为，不能直接用其他回收行为的结论来代替（Shim，1995）。此外，国内学者采用的方法也以问卷调查为主，重点研究态度和意愿之间的关系，但是改变态度远没有直接作用于行为的改变来得直接和效果显著（Thaler and Sunstein，2008）。这也就解释了国外学者进行环保行为研究的趋势：从问卷调查转向田野实验，因为后者可以直接看到行为的改变。

干预策略旨在通过影响个体的感知、偏好和能力来影响人们的自觉行为的改变（Abrahamse et al.，2005）。干预策略作为一种能够直接作用于行为并对行为产生改变的外设变量，被广泛应用于环保行为的研究中。它被分成三个类别：结构性干预、先行性干预和结果性干预（Han et al.，2013）。

在先行性干预策略中，信息干预的运用最为广泛。Goldstein等（2008）通过田野实验发现，描述性规范信息能显著提升酒店客人重复使用酒店毛巾的可能性。目标设定也是西方学者常用的一种干预策略。其中，目标设定方法常将"承诺"与具体目标联系在一起。承诺是一种口头或者书面的约定，保证将改变某种行为。西方学者发现，承诺能促进环保行为。例如，Baca-

Motes 等（2013）延续了 Goldstein 等的实验，并引入了"承诺"这个干预策略，田野实验结果显示，承诺能提升酒店客人重复使用酒店毛巾的行为。同样，承诺也曾被运用到回收行为的研究中，Werner 等（1995）发现，承诺能提升人们志愿参与街边回收活动的行为。在结果性干预策略中，反馈多用于家庭节能行为的研究中。学者们发现，反馈能显著激发消费者的环保行为（Faruqui，Sergici and Sharif，2010；Nilsson et al.，2014）；奖励机制的应用范围更加多样化，例如，Allen、Davis 和 Soskin（1993）曾通过田野实验发现，优惠券能有效提升人们的回收行为和参与回收的频率。

　　由此可见，西方学者们对干预策略的运用比较成熟，但干预策略在回收行为研究中的应用相对较少。目前，国内鲜有学者进行有关干预策略的田野实验研究。干预策略是一种行之有效的改变公众环保行为的外设变量，对于它的研究不仅能推动相关理论的发展，更能为企业的宣传推广和政府的政策制定提供可操作性的建议。此外，Han 等（2013）还发现，不同的群体对于政策干预的偏好并不相同。基于此，本章的研究在实验室实验和田野实验中引入了干预策略，并选择了北京和宁波两个地区来开展相同的干预策略，分析干预策略对不同群体的影响，进而为干预策略在中国的运用奠定坚实的方法和数据基础。

第三节　质性研究

一、研究过程

（一）访谈设计

　　本章通过"一对一"半结构性访谈的形式来获得质性研究的一手资料。访谈内容分成了四个部分：受访者的基本情况、受访者的服装购买方式、受访者的旧衣处理方式、受访者日常的环保行为（参见附录6）。其中，基本情况主要包括受访者年龄、受教育程度、月收入水平和目前的职业。受访者的服装购买方式旨在了解受访者平时的服装购买频率、获得信息的渠道、决策方式等。通过这一项数据，我们排除了平时很少购买服装的参与者，以避免由于旧衣数量原因导致无法参与旧衣回收项目的可能性。受访者的旧衣处理方式主要涉及受访者以及受访者的朋友和家人平时如何处理旧衣、处理过程中的顾虑、对于旧衣处理渠道的选择等。最后一个部分是受访者在日常生活中对于环保问题的关注程度。

研究团队经过内部的几轮探讨和分析后确定了初始问题，之后邀请了5位消费者进行了预访谈，调整了容易引起误导的问题。接着，本研究团队对每位采访人员进行了培训和实际的采访演练，确保所有采访人员都了解此次采访的目的、采访的内容以及可能出现的各种情况。在采访期间，研究团队每周末会进行一次短会，了解采访的进程以及采访过程中出现的问题，并进行相应的调整。每位受访者的访谈时间约为40分钟，访谈形式主要是面对面访谈和电话访谈。采访人员会在采访前一天联系受访者，介绍采访的目的是"了解消费者的服装购买情况"，因此避免消费者预先了解访谈的真实目的。在采访之后，研究团队对录音进行整理，完成访谈内容的记录和备忘录，最终得到近10万字的访谈内容。

（二）人员资料

本章选择了北京和宁波两个市场开展质性研究。这样的选择主要出于两个目的：其一，两个市场能够确保研究的外部效度，使研究结果更具普遍性和推广性；其二，北京和宁波分别是一线城市和二线城市，市民的收入和消费水平不同，且前者是北方城市，后者是南方城市。这样确保了样本的多样性和差异性。便于提炼中国公众的共性特征以及不同地区消费者的差异化特征，了解不同市场的消费者对于干预策略的不同反馈。

由于本章的研究关注的是旧衣回收行为，考虑到受访者能否清晰地回答问题、受访者是否拥有一些旧衣用于捐助等客观情况，本章将受访者锁定在年龄介于20~40岁之间的消费者。受访者的邀请采用了随机选取的方式。在2016年2~4月期间，本研究团队在北京和宁波的大学、大型购物商场、餐厅等人群聚集地随机邀请消费者参与"一对一"的采访，工作人员会记录被邀请者的联系方式并告诉受访者，采访团队将在一个星期内联系他们。接受采访的消费者均能获得 100 元的购物卡奖励。根据饱和度理论，本章最终在北京采访了 46 位受访者，在宁波采访了 34 位受访者。表 6－1 描述了北京和宁波地区受访者的基本情况。可以看出，受访者样本符合质性研究的多样性要求，覆盖了不同性别、年龄、教育背景、月收入等多方面的特征。

表 6－1 北京和宁波地区的受访者基本情况汇总

地区		北京		宁波	
指标	种类	人数	人数占比	人数	人数占比
性别	女性	40	87%	11	32%
	男性	6	13%	23	68%
年龄	20～26 岁（"90 后"）	25	54%	18	53%
	27 岁以上（"80 后"和"70 后"）	21	46%	16	47%
学历	本科及以下	20	43%	18	53%
	硕士及以上	26	57%	16	47%
购买衣服的频率	每月 2 次及以上	22	48%	7	21%
	每月一次	17	37%	20	59%
	数月一次	7	15%	7	21%
月收入水平	低于 5000 元	11	24%	16	47%
	5000～10000 元	12	26%	12	35%
	10000～20000 元	15	33%	5	15%
	20000 元以上	8	17%	1	3%
每个季度购买服装的开销	低于 3000	6	13%	20	59%
	3000～6000 元	30	65%	11	32%
	6000～10000 元	5	11%	3	9%
	10000 元以上	5	11%	0	0%

二、绿色消费者划分矩阵

本章借助 NVIVO 软件对研究内容进行编码和分析，并基于"成本导向"（cost-oriented）和"环境导向"（environment-oriented）对受访人群进行了聚类划分，构建了绿色消费者划分矩阵（参见图 6 - 1）。横轴代表消费者的"成本导向"，越往右边，表示消费者对于成本的关注程度越高，消费者在做决策时对于成本因素的考虑越多。纵轴代表消费者的"环境导向"，越往上面，表示消费者对于环境的关注程度越高，消费者在做决策时对于环境因素的考虑越多。通过这样的划分方式，我们将绿色消费者分成了四类："忠于"绿色（"committed" green）、"物质"绿色（"material" green）、"忠于"物质（"committed" material）和"自由"物质（"freedom" material）。"忠于"绿色类消费者十分关注环境，但是他们并不太在意成本；"物质"绿色类消费者，也非常关注环境，但是他们同时也很在意成本；"忠于"物质类消费者，不太关注环境问题，他们的决策更多是从成本的角度考虑来制定的；"自由"物质类消费者，属于既不关注环境也不关注成本类的消费者。以下将对四类消费者群体进行详细的描述。

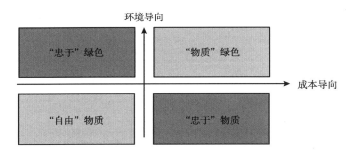

图 6 - 1　绿色消费者划分矩阵

（一）"忠于"绿色类消费者

"忠于"绿色类消费者在日常生活中非常重视环境保护，他们基本上都是绿色生活方式的倡导者，他们虽然有车但是经常绿色出行、购买节能家电、注重垃圾分类和回收。同时，这类人群往往拥有良好的教育背景和收入，他们对于成本并不太关注。因此，这类群体的消费者往往是新兴的环保类产品的尝新者，例如，购买价格高昂的进口电动汽车，他们愿意为环境保护支付溢价。

这类消费者将回收行为视为一种环境保护行为。在我们的采访中，有部分受访者，尤其是北京的受访者是"忠于"绿色类消费者，他们非常在意旧衣回收渠道如何处理旧衣。他们不在意参与回收项目是否能够获得物质奖励，相反，他们更在意这个参与过程，他们希望能够得到一些有价值、有纪念意义的礼品，以纪念他们曾经参与过这样一个项目，纪念他们曾经为环境做出过贡献。

（二）"物质"绿色类消费者

"物质"绿色类消费者也非常重视环境保护，他们关注身边的环境问题，愿意为环境保护付出自己的努力。但是，因为这个群体的消费者收入不是很高，所以他们还是属于价格敏感型消费者，需要在成本和环境之间做出权衡，往往会出于"节约成本"和"保护环境"的双重目的来开展环境保护行为：例如，购买既能享受补贴也能节约成本的国产电动汽车。相比"忠于"绿色类消费者愿意为环境保护支付溢价，"物质"绿色类消费者更愿意为环境保护付出自己的精力，或者牺牲舒适度来换取环境的改善：如节约用水用电、绿色出行等。

这类群体的消费者愿意参与回收项目，为环境做出贡献。同时，如果项目能够给予一定的物质或现金奖励，那么他们参与的热情会更加高涨。这类消费者在参与回收项目时，也会关心渠道如何处理旧衣的问题，他们会选择可靠的渠道，以免旧衣流入"二手市场"。随着收入的提升，"物质"绿色类消费者会逐渐转变为"忠于"绿色类消费者。

（三）"忠于"物质类消费者

"忠于"物质类消费者的教育背景和收入相对较低，他们很少关心环境问题，也不愿意为环境保护支付溢价或者付出额外的精力。他们属于价格敏感型消费者，他们更在意的是成本的节约问题。因此，他们不会特意去购买环保型产品，除非环保型产品的价格低于普通产品。他们也不会特意为了环境保护去改变自己的生活习惯，除非有经济奖励作为支持。

这个群体的消费者基本上不会主动参与回收项目，他们不愿意花时间整理旧衣并送到指定的地点。但是，如果参与回收项目能够得到现金或者物质奖励，他们会愿意参与。但是，当这类消费者参与旧衣回收项目时，他们更关注的是"对衣服的要求"，而非旧衣的处理方式。

"忠于"物质类消费者是最需要接受"环境知识教育"的消费群体，他们需要接受多方面的环境知识，来提升他们的环保意识和环境态度，帮助他们转换为"物质"绿色类消费者。但是如果没有外在的教育，随着这个群体收入的提升，他们可能会转变为"自由"物质类消费者。

（四）"自由"物质类消费者

"自由"物质类消费者拥有较高的收入水平，但是教育背景相对较低，他们不关心环境问题。相比绿色的生活方式，他们更喜欢奢华、及时享乐的生活。他们不愿意为了环境而牺牲个人的舒适度，因此同等价位的进口电动汽车和进口燃油汽车，他们一定会选择后者，因为"后者的驾驶感更好"；他们很少会绿色出行，因为"出门就想要开车。开车还是很方便的"；他们很少会参加回收项目，因为"收拾旧衣太麻烦了"。唯一能够吸引这类消费者参与回收项目等环保项目的原因，是该项目能够提升他们的社会地位或赢得良好的口碑。因此，他们需要的环境保护类项目是"可视"的，即他人能够看到他们的参与。

这类群体的大部分消费者都难以成为回收项目的目标受众，他们已经形成比较"顽固"的环境态度：即个人力量无法对环境做出什么改变。对于这类消费者的环境教育，最好从他们的后代入手，通过教育孩子来反向影响父辈的环境态度，通过孩子来带动父辈开展环境保护行为。

三、质性研究结果分析

在构建了绿色消费者划分矩阵之后，本章也对相应的关键词按照出现频率进行了分类和提炼。本章在质性阶段主要想通过数据回答以下三个问题：第一，公众通常会选择什么方式来处理旧衣？第二，公众在参与旧衣回收活动时的主要顾虑是什么？第三，公众在参与旧衣回收活动时会期待什么奖励？本章将分别对这几个问题给出质性分析的量化结果。

图 6-2 展现了北京和宁波地区的公众在处理旧衣时会采用的方式。需要注意的是，部分受访者会选择几种方式来处理旧衣。研究发现，旧衣等用过的产品的确给公众的生活带来了一些麻烦，例如，50%的受访者表示"旧衣丢掉非常可惜，但是摆放在柜子里又很占空间。"相比宁波地区的受访者，北

京地区受访者处理旧衣的渠道和形式更加丰富，北京地区超过半数的受访者有过将衣服送给亲戚或朋友的经历，仅有20%的北京受访者表示自己从来不知道应该如何处理这些旧衣，只能不断将旧衣堆积在家中的某个地方；但是宁波地区受访者更加倾向于将旧衣留在衣柜或仓库里，不做任何处理。有近40%的宁波受访者表示："我从来没有捐献过衣服，因为我不知道能通过什么渠道捐献衣服。"总之，相比北京的受访者，宁波受访者更加缺少旧衣回收渠道的信息。另外，宁波受访者将旧衣直接丢弃的比例要高于北京受访者。宁波的旧衣捐献渠道相对单一，人们更多的是将衣服捐到社区的旧衣回收箱。我们通过采访发现，宁波许多社区都设立了旧衣回收箱，方便市民将衣服放置在回收箱内。相比宁波，北京高校的旧衣回收渠道更加成熟，在北京多个高校内都有设置旧衣回收箱，让学生可以定期将旧衣捐献到回收箱内。值得注意的是，虽然北京大部分受访者了解应该通过哪些渠道捐献旧衣，但是当被问到"这些渠道将如何处理旧衣"时，近70%的北京受访者不知晓或不能肯定旧衣将流向何处，即不确定回收旧衣的机构在收集了旧衣之后，如何处理旧衣。有受访者认为"旧衣应该被运到受灾地区或者贫困山区"，但并不确定。

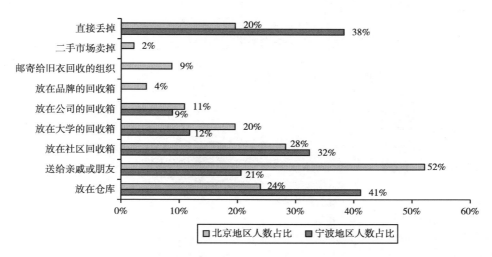

图 6 - 2　北京和宁波受访者处理旧衣的方式

图6-3和图6-4分别展现了北京和宁波地区公众在参与旧衣回收活动时的主要顾虑，其中，横轴代表受访者的年龄，纵轴代表受访者月收入。人

们对于旧衣回收渠道的顾虑主要来自三个方面：第一，回收渠道的可信度。对于网上一些需要将旧衣寄到相应地方的信息，很多受访者都是持怀疑的态度，他们不知道这种渠道是否可靠，衣服最终去往何处。第二，旧衣的处理方式。北京地区的受访者比宁波地区的受访者更加关注机构如何处理衣服。多数人希望将衣服捐给贫困或受灾地区，部分受访者不太认可将衣服再加工处理的方式，有受访者称："不管怎样处理，旧衣服都不可能像新的一样，还是会存在各种质量、效果方面的问题，因此这样的衣服不应该再拿到市场上去卖"。第三，自己穿过的衣服，是不是不合适捐给别人。有些受访者指出，想到别人要穿自己的衣服，会觉得心里不舒服，还不如将衣服放在衣柜里。

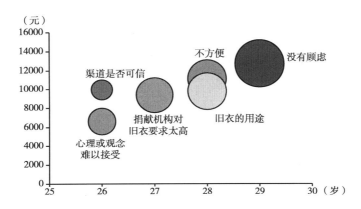

图 6 - 3　北京受访者参与旧衣回收活动的顾虑

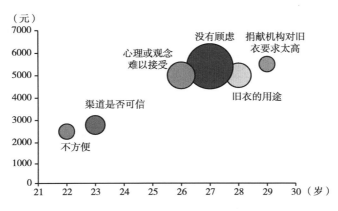

图 6 - 4　宁波受访者参与旧衣回收活动的顾虑

具体数据显示，35%的北京受访者和超过50%的宁波受访者对参与旧衣回收活动没有顾虑；22%的北京受访者和14%的宁波受访者担心回收机构对旧衣的处理方式；10%的北京受访者和18%的宁波受访者称心理或观念上无法接受将旧衣服捐出去；另有一些受访者担心捐献机构是否可信、捐献机构对旧衣要求太高或者将旧衣带出去捐献很不方便等问题。特别要注意的是，有12%的宁波受访者提及："前段时间，宁波媒体对部分捐献旧衣流入夜市二手市场贩卖的情况进行了报道，这让我不敢把衣服捐出去。"这则新闻引起了宁波市民的关注和重视，人们对回收机构的旧衣处理方式产生了质疑。结果还发现，无论在北京还是宁波，收入相对较高的受访者会更加关注旧衣的用途等问题，同时，相对于宁波居民，北京的居民更加关注旧衣的用途。

表6-2显示了人们对参与商业类旧衣回收活动的期许。在采访中，所有的受访者都表示，对参与公益组织、社区、学校、单位等机构的旧衣回收活动不期待任何"回报"或"奖励"，但有76%的北京受访者和94%的宁波受访者希望在参与品牌旧衣回收活动时获得奖励。一位受访者表示："如果是捐给品牌，那品牌应该会给一些奖励吧。"此外，部分北京受访者提及，他们希望获得一些具有象征意义的认可类奖励，如证书或感谢信等，来见证他们对这个活动的参与和贡献。但是宁波的受访者中没有人提及这种类型的奖励。换言之，北京和宁波地区的受访者对于参与旧衣回收活动的期许方面存在差异，也就是相同的干预策略可能会对北京和宁波地区的消费者带来不同的影响。这个研究结果促进了我们在田野实验中的干预策略的设计和选择。

表6-2　　　　受访者对参与商业类旧衣回收活动的期许

期待的奖励类型	北京人数占比	宁波人数占比
不期待任何奖励	24%	6%
打折卡	33%	82%
产品或礼物	11%	6%
代金券或返现	13%	6%
会员积分	7%	0
证书或感谢信类认可	13%	0

四、假设的提出

通过质性研究结果的分析发现，北京和宁波受访者都在一定程度上缺少对旧衣回收信息的了解，具体包含两方面的信息：其一，能够通过什么样的渠道捐献旧衣；其二，这些渠道如何处理旧衣。如果获得了这方面的信息，消费者是否就会开展旧衣回收行为呢？曾有学者发现，与环保相关的信息能够影响人们环保行为的开展（Lord，1994；White，2011；Welfens，2016），但是几乎没有学者将旧衣回收信息分解为旧衣回收渠道信息和旧衣处理方式信息。基于此，本章提出假设 H6-1，并通过实验一来验证。

H6-1：信息干预能够提升公众参与旧衣回收活动的行为。

H6-1a：与旧衣回收渠道相关的信息能够提升公众参与旧衣回收活动的行为。

H6-1b：与旧衣处理方式相关的信息能够提升公众参与旧衣回收活动的行为。

质性研究的结果显示，部分受访者虽然了解旧衣回收的渠道，但始终没有参加活动，其中一个原因就是缺少推动力，这个推动力一方面来自内在，有些受访者提及："我虽然知道校园里有旧衣回收箱，但是每次出门的时候都想不起来或者懒得带衣服出门"；另一方面，受访者缺少外在的推动力，就是外在没有任何的奖励机制来促进自己的参与。目前，社区、慈善机构的旧衣回收活动都没有设置任何奖励机制，因此市民缺少外在的参与动力。在这种情况下，我们引入了干预策略中的目标设定（承诺）和奖励机制设定策略，研究这两个策略对公众参与旧衣回收行为的影响。西方学者的研究发现，"承诺"和奖励均能够显著提升人们的环保行为（Allen et al.，1993；Werner，1995；Baca-Mote et al.，2013；），但是目前，中国学者鲜有将承诺和奖励引入环保行为的研究中，尤其是开展田野实验来验证这两者之间的关系。基于此，我们提出假设 H6-2 和假设 H6-3。我们通过实验二来验证假设 H6-2 和假设 H6-3。

H6-2：奖励机制的设定能够提升公众参与旧衣回收活动的行为。

H6-3：承诺能够提升公众参与旧衣回收活动的行为。

此外，通过质性研究，我们也发现北京的受访者和宁波的受访者对于参与活动的预期并不相同。有些受访者甚至指出："本来我是很想参与的，但是品牌给了打折券，好像我是为了打折券才来参与旧衣回收活动的。"以往的研究结果难以证明：奖励可能对人们开展环保行为产生弱化作用，削弱人们内在的参与动力。但是，已有学者发现奖励的作用仅在短期生效，当奖励停止时，人们相应的环保行为也停止了（Geller，2002）。换言之，奖励并不能促进人们内在的自主参与动力。基于此，我们认为，承诺和奖励之间可能存在交互作用，奖励作为外在推动力，会弱化内在推动力，即承诺对行为的影响。因此我们提出了假设H6-4。我们通过实验二来验证假设H6-4。

H6-4：奖励机制和承诺存在交互作用。

第四节　田野实验

一、信息干预的影响分析

（一）实验设计

为了验证假设H6-1，即信息干预策略对公众参与公众行为的影响，我们设计了一个2（旧衣回收渠道的信息：提供、不提供）×2（旧衣处理方式的信息：提供、不提供）的实验。我们选择了Z品牌的旧衣回收活动作为实验1的研究环境。Z品牌的旧衣回收活动是从2016年5月才开始的，而我们是在5月初联系的受访者，因此避免了受访者事先知晓或者参与活动而对结果带来的影响。另外，Z品牌的旧衣回收活动并没有设立奖励机制，回收箱设在店铺门口，因此排除了奖励机制的干扰。

我们将之前采访过的46个北京受访者和34个宁波受访者随机分在了3个组（由于不存在只提供处理方式信息，不提供旧衣回收渠道信息的情况，因此在实验操作中只分了 3 个组：第 1 组为控制组，第 2 组仅提供旧衣回收渠道的信息，第 3 组既提供旧衣回收渠道信息又提供旧衣处理方式的信息。对于控制组（第 1 组），我们的工作人员会在采访后三个月联系他们并询问："您好，我们是对上次采访的回访。想了解一下，在过去的三个月您是否知道并且参与过 Z 品牌的旧衣回收活动？"

对于旧衣回收渠道的信息提供组（第 2 组），我们选择在采访结束一个月后再次致电他们："您好。很感谢您上次参与我们的采访。这里和您分享一个信息，不知道您是否听说过 Z 品牌，从本月开始，Z 品牌举办旧衣回收活动，在每一家 Z 品牌的店铺门口都设立了旧衣回收箱，您可以将旧衣带去放在回收箱内。任何品牌的旧衣都可以放去回收。"

对于第 3 组，我们的回访内容不仅包括上述的旧衣回收渠道信息，还包括旧衣处理方式的信息，具体内容如下："Z 品牌与妇女儿童基金会合作举办此次旧衣回收活动，回收的旧衣将用于捐献给受灾地区和贫困地区的居民。"

通过致电我们发现，所有受访者均听说过 Z 品牌，同时有 72% 的受访者购买过该品牌的服装。此外，在分享信息之前，第 2 组和第 3 组受访者均未获得过有关 Z 品牌举办旧衣回收活动的信息。致电分享信息的两个月后，我们再次联系了实验第 2 组和第 3 组的受访者，询问他们是否在过去两个月参与了 Z 品牌的旧衣回收活动，对于参与的受访者，我们请他们分享了参与的感受；对于没有参与的受访者，我们询问了他们没有参与的原因。

（二）实验结果

我们采用了独立样本 T 检验的方式来对结果进行分析。数据显示，第 1 组（$N=27$）和第 2 组（$N=27$）之间存在显著差异（$t=-2.675$，$sig=0.01$），也就是说，有关旧衣回收渠道的信息能够显著提升消费者参与旧衣回收活动的行为，即假设 H6-1a 成立。接着，我们对第 2 组和第 3 组（$N=26$）的结果进行验证，数据显示两组之间的差异并不显著（$t=-1.810$，$sig=0.076$），即假设 H6-1b 不成立。为了进一步分析这个结果，我们分别对宁波和北京地区的第 2 组和第 3 组进行了独立样本 T 检验。结果发现，北京地区的第 2 组（$N=15$）和第 3 组（$N=15$）之间存在显著差异（$t=-2.316$，$sig=0.028$），但是宁波地区的第 2 组（N = 12）和第 3 组（N = 11）之间不存在显著差异（t = -0.146，sig = 0.886）。也就是说，机构对于旧衣处理方式的信息分享能够显著提升北京受访者的参与行为，但是对于宁波受访者的影响并不显著。这个结果与我们在质性研究阶段发现的"相比宁波受访者，北京受访者更关注旧衣的用途"的结论基本吻合。但是，由于实验 1 中分地区的样本数量相对较少，该结论还需要进一步的验证。

二、实验二：目标设定和奖励机制的影响作用

（一）实验设计

为了研究目标设定和奖励机制对受访者最终回收行为的影响，我们设计了一个 2 × 2（奖励机制：有奖励、没有奖励；承诺：承诺参与、没有承诺）的田野实验。其中，奖励机制的设定，我们通过分享 H 品牌（有 8.5 折卡的奖励）或 Z 品牌（没有奖励）的旧衣回收活动来实现。承诺的设定是邀请（不邀请）受访者参加我们的"口头承诺"活动，即口头承诺"在两个月内参加 H 品牌（有奖励组）或 Z 品牌（没有奖励组）的旧衣回收活动"。

我们在北京和宁波分别选择了两个档次基本相同的购物商场，其中一家商场仅设有 H 品牌，一家商场仅设有 Z 品牌，这种选择一方面避免了商场目标人群的差异对实验结果造成的干扰，另一方面也避免了商场里同时存在两个品牌时，另一个品牌的旧衣活动对受访者参与行为的干扰。我们在商场门口随机邀请消费者参与我们的田野实验。每个参与的消费者均可获得 50 元现金奖励。对于奖励机制的设立组，我们会告知受访者，H（Z）品牌正在举行旧衣回收活动，参与者每捐献一袋旧衣可以获得一张 8.5 折卡的奖励（Z 品牌组则告知受访者没有奖励，仅是捐出旧衣）。对于目标设定组，我们邀请受访者参与口头承诺活动，承诺在 2 个月内参与一次 H（Z）品的旧衣回收活动。活动最后，我们请受访者留下了一些个人信息，包括年龄、教育背景、职业、月收入和联系方式，并告知会在 2 个月内再次联系他们。共有 188 位受访者（北京 108 人、宁波 80 人）参与了实验 2。在 2 个月后，我们再次联

系了每一位受访者，询问他们是否在过去两个月参与了 H 品牌（Z 品牌）的旧衣回收活动，对于参与受访者，我们请他们分享了参与的感受；对于没有参与受访者，我们询问了他们没有参与的原因。

（二）实验结果

我们通过 UNIANOVA 来对实验二的数据进行分析，表 6 – 3 显示了北京和宁波地区每个实验组和控制组的样本数。表 6 – 4 显示了分析结果，可以看出，奖励和承诺都能对受访者的旧衣回收活动参与行为带来显著的影响，即假设 H6 – 2 和 H6 – 3 成立，但是两者之间并不存在交互作用，即假设 H6 – 4 不成立。偏 Eta 方显示，奖励（偏 Eta 方 = 0.115）对回收行为的影响效果要大于承诺（偏 Eta 方 = 0.099）对旧衣回收行为的影响。

表 6 – 3　　　　　　　　　　　　主体间因子

地区	奖励（1 = 设置奖励）	承诺（1 = 参与承诺）	样本数
北京	1	1	26
		0	33
	0	1	25
		0	24
宁波	1	1	19
		0	21
	0	1	20
		0	20

表 6 – 4　　　　　　　　　　整体数据的主体间效应的检验

源	Ⅲ型平方和	df	均方	F	Sig.	偏 Eta 方
校正模型	8.372	3	2.791	14.438	0.000	0.191
截距	25.546	1	25.546	132.168	0.000	0.418
奖励	4.638	1	4.638	23.994	0.000	0.115
承诺	3.926	1	3.926	20.314	0.000	0.099
奖励 × 承诺	0.105	1	0.105	0.543	0.462	0.003

之后，我们又分别对北京和宁波地区的研究结果进行了相应的分析。表6-5 显示了北京地区的分析结果。数据表明，奖励和承诺对北京受访者都存在显著的正向影响，同时承诺（偏 Eta 方 = 0.242）对北京受访者的作用效果要高于奖励（偏 Eta 方 = 0.110）的作用效果。奖励和承诺之间不存在交互作用。表 6-6 显示了宁波地区的分析结果。结果发现，奖励对宁波受访者的参与行动有显著正向影响，且作用效果大于对北京受访者的作用效果，但是承诺对宁波受访者的参与行动的影响不显著。

表 6-5　　　　　　　　北京地区的主体间效应的检验

源	Ⅲ型平方和	df	均方	F	Sig.	偏 Eta 方
校正模型	7.980	3	2.660	15.012	0.000	0.302
截距	19.495	1	19.495	110.026	0.000	0.514
奖励	2.282	1	2.282	12.877	0.001	0.110
承诺	5.871	1	5.871	33.135	0.000	0.242
奖励×承诺	0.143	1	0.143	0.805	0.372	0.008

表 6-6　　　　　　　　宁波地区的主体间效应的检验

源	Ⅲ型平方和	df	均方	F	Sig.	偏 Eta 方
校正模型	2.500	3	0.833	4.429	0.006	0.149
截距	7.200	1	7.200	38.266	0.000	0.335
奖励	2.450	1	2.450	13.021	0.001	0.146
承诺	0.050	1	0.050	0.266	0.608	0.003
奖励×承诺	0.000	1	0.000	0.000	1.000	0.000

第五节　研究讨论和启示

一、研究结论

本章通过质性研究和田野实验相结合的方式来探索干预策略对公众旧衣

回收行为的启动机制，基于两个阶段的研究结果，本章得到以下结论。

第一，有针对性的干预策略能够启动公众的旧衣回收行为，促使从未参与过旧衣回收项目的公众参与旧衣回收项目。有针对性的干预策略包括：信息干预、目标干预和奖励设置。

第二，不同的群体对于相同的干预策略会产生不同的反应。机构的旧衣处理方式的信息以及"承诺"类目标干预策略对北京市民的旧衣回收行为的影响力度更大，旧衣回收渠道信息和奖励机制对宁波市民的旧衣回收行为的影响尤为显著。我们认为，信息策略方面的差异，是由于北京和宁波两地旧衣回收渠道的丰富性差异导致的。我们在质性研究阶段就有提及，北京公众能够有多种旧衣回收渠道的选择，因此相比旧衣回收渠道信息，他们更在意机构对于旧衣处理的方式，也就是旧衣处理方式信息的影响力度更大。但是，宁波地区的公众缺少旧衣回收的渠道，因此他们对这方面的信息会更加敏感。奖励机制影响力度的差异是由于人们的收入水平差异所导致的。宁波公众的整体收入水平低于北京公众，对于产品价格也就更加敏感。奖励机制（折扣卡）的设置能够帮助人们节省一部分的开销，因此奖励机制对于宁波公众的影响力度更大。

第三，我们通过质性研究发现，不同公众对于参与旧衣回收活动的预期也不相同。相比宁波受访者，北京受访者也会关注证书或感谢信之类认可形式的奖励。我们认为这一方面也是由于不同群体的收入水平差异所导致的，另一方面也与人们所受的教育和成长环境息息相关。同时，人们对于旧衣回收的态度也会对这个结果产生影响。当人们将旧衣回收仅仅视为一种处理衣橱内旧衣、解决自己麻烦的行为时，外在驱动力的影响力会更大。但是，当人们还将旧衣回收视为一种保护环境，为社会做出贡献的行为时，内在驱动力的影响力度会相对更大。这种解释还需要在未来通过更多的实证数据进行验证。

二、理论贡献

本章借助定性和定量相结合的研究方法来探讨干预策略对公众旧衣回收

行为的启动机制。从定性的角度来看，以往鲜有学者开展有关旧衣回收行为的质性研究，关于公众如何处理旧衣、处理旧衣的顾虑以及对参与旧衣回收活动的预期等方面内容的掌握较少，难以支持进一步的实证研究。本章在北京和宁波两地分别开展质性研究，对多种群体的旧衣回收行为进行了广泛的了解，为未来学者更深入地开展研究提供了一手数据支持。此外，以往学者对于奖励机制影响环保行为的探索多是从"物质奖励"的角度来开展的，忽视了人们精神层面的需求。我们通过质性研究发现了人们对于具有象征意义的奖励的渴求，这也为未来学者有关环保行为的研究提供了新的思路和方向。

从定量的角度来看，本章延续以往学者对于信息干预策略对环保行为研究的探索，将信息干预策略运用到旧衣回收行为上，并将信息分成了渠道信息和处理方式信息两类进行分别研究，发现了不同信息对不同群体的影响力度差异。同时，本章还引入了"承诺"手段的目标设定，不同于西方学者认为"承诺"始终有效的结论，我们发现"承诺"对于某些群体会发生失效。本章认为这是由于人们对待旧衣回收行为的态度所导致的。这一影响机制在未来还需要进一步的分析和探索。

三、管理启示

本章通过质性研究和田野实验相结合的方式来探索干预策略对公众旧衣回收行为的启动作用。本章发现，信息（先行性干预策略）、目标设定（先行性干预策略）和奖励机制（结果性干预策略）都能对公众参与回收行为产生显著影响。这个研究结果对于政府、公益组织和企业都具有一定的启示意义。

对政府或公益组织来说，首先需要提升活动的可信度和知名度，这主要靠信息干预的作用。一方面要靠媒体的宣传和推广，另一方面也要靠日常的运营和维护。通过媒体渠道来让公众了解可以通过哪些途径捐献旧衣或其他旧物、如何捐献等。公益组织还可以通过邀请一些意见领袖、权威人士来参与活动以提升活动的知名度和可信度。此外，政府和公益组织也应该在日常定期公布回收衣物的数量、衣物的去处等，让公众了解自己衣物的去处，这将大幅提升他们对于活动的信任度和参与感。其次，政府和公益组织还可以借助一些媒体渠道来鼓励公众承诺参与活动，通过承诺的方式来为公众设定目标，例如，通过社交平台来号召公众转发、点赞和承诺参与回收活动，提升他们对参与活动的责任感，形成内在推动力，激励公众的参与。最后，虽然政府和公益组织的回收活动基本上没有任何的物质回报，公众也并不期待任何的奖励，但是偶尔采用结果性干预策略还是可能带来意想不到的效果。例如，一封简单的感谢卡可能引起人们在朋友圈的发布和讨论，扩大活动的知名度；也能够吸引更多公众的参与，提升活动的参与度。

对于企业来说，举办这种回收类的公益活动，一方面能够提升企业的知名度和美誉度；另一方面也能如 H 品牌、Z 品牌这样为店内带来客流，提升店内的销售额。但是，企业需要首先让消费者了解到有这样的活动。同时，店内的服务人员应该清楚了解活动的内容和形式，当有消费者到店内咨询情况时，能够给出全面和详细的介绍。其次，企业需要让消费者清楚衣服或其他旧物的去处。针对很多消费者无法理解旧衣物如何能够经过处理变成新的衣物的问题，企业可以通过拍摄微电影、动画或者图片说明等形式来宣传回收活动，展现一件旧衣或者一个旧物如何重新焕然一新的过程，这样的方式不仅能生动形象地解决消费者的困惑，还能增加话题，提升项目的知名度。再次，企业需要意识到，大多数消费者在参与企业的回收活动时，还是会期许一些奖励。因此适当地使用奖励能够提升消费者的参与行为，同时，根据企业的受众群体的不同，可以选择不同类型的奖励机制来吸引目标消费者的参与。最后，企业也可以设计一些宣传形式来鼓励消费者承诺参与，或者通过一些活动来设定参与目标，如在规定时间内完成多少旧衣物的捐献等，激发消费者的参与热情和对参与项目的责任感，最终促成他们参与行动。

第七章　回收项目的管理案例研究分享

第一节　研究简介

随着社会对环境保护的关注度的逐步提升，越来越多的品牌搭上了环保这辆"顺风车"，快时尚品牌在这方面的动作尤为迅速。由于快时尚品牌涉足服装领域，因此它们的环保项目多与旧衣有关。快时尚品牌的环保公益项目通常包括三种方式：环保倡议、旧衣回收和旧衣新制。相比环保倡议，后两者的效益更加显著。例如，旧衣回收能够增加店内的客流，甚至带来额外的销售；旧衣新制也能降低成本并促进销售。因此，《商业周刊》在 2014 年指出，旧衣回收已经成为这些快时尚品牌的商业模式之一。即便如此，快时尚品牌对于旧衣回收项目的管理和实施还处于"摸着石头过河"的阶段，它们急需探索出一些行之有效的方法和模式。目前，学术界有关旧衣回收项目的管理研究还相对较少，即使从消费者的视角出发，有关消费者旧衣回收行为的研究也很稀缺（Laitala，2014）。基于此，本章希望从企业和消费者的双重视角切入，通过研究回答一个很多企业都迫切需要解决的问题：即企业如何有效管理旧衣回收类项目，进而提升消费者的参与度。

从消费者的视角看，旧衣回收行为作为回收行为的一种，与其他回收行为存在一定的共性。例如，各种回收行为都属于人们对废旧产品的处理方式，都需要人们投入时间和精力，同时其结果都能够为环境带来改善。同时，旧衣回收行为又与其他回收行为具有一定的差异，不能直接照搬其他回收行为的结论（Shim，1995）。我们的定性研究发现，衣服作为人们生活中不可或缺的亲密物品，与人们之间存在着某些联系和情感。一些衣服可能记录了人们在某些特定时刻的状态，另一些衣服则可能承载了人们对过去的思念。因此，部分消费者将旧衣回收行为视作是一次自己与过去的分离，另一些消费者则对将自己的亲密物品交由他人的行为存在一定的抵触情绪。本章提出了消费者内在压力对抗模式，进而更有针对性地分析人们的旧衣回收行为，同时对类似融入个人情感的回收行为，如手机回收行为等也具有一定的解释力度。

从企业的角度来看，旧衣回收项目也不同于企业的其他公益项目。旧衣回收项目能够为企业带来直接的利益。企业回收的旧衣可以投入制作新的衣服或织品，用于再次销售。即使企业只是将旧衣捐赠，企业也可以通过邀请消费者到门店捐赠旧衣来提升店内的客流量，进而提升销售额。此外，过去的研究也指出，快时尚品牌所提供的旧衣回收项目，其实成为消费者购买更多新品的"理由"。也就是旧衣回收项目本身促进了人们对快时尚服装的购买。因此，企业需要尤为注意这种本身容易引起争议的公益项目，企业在进行旧衣回收项目的管理时，不能全部延续以往对公益项目管理的做法，而应该探索新的思路和方式，从消费者的角度入手，来进行项目的管理和营销。基于此，本章从企业和消费者的双重视角入手，构建了旧衣回收项目的匹配—压力管理模型，指出了企业如何通过管理"匹配"来管理消费者的压力，进而促进消费者参与旧衣回收项目。

第二节　相关文献的介绍

回收项目研究的切入点主要包括两个方面：其一是从企业的角度来进行研究；其二是从消费者的角度来进行分析。

从企业的层面，有学者发现，企业环保社会责任信息能够显著影响消费者对企业推出的环保产品的购买意愿或项目的参与意愿（Luo and Bhattacharya 2006；金晓彤、赵太阳、李杨，2017）；企业对环境的承诺和付出、企业自身的形象和企业是否存在鼓励顾客节约的行为，都将影响消费者的资源节约行为（Cialdini，2009；Sun and Trudel，2017）。此外，也有学者发现，回收法规与环境政策、消费者要求回收的意愿、管理者的回收意识、回收的经济效益对企业回收行为具有正向影响（王兆华、尹建华，2008）。以往，企业视角的研究多是围绕企业的社会责任和企业对绿色的承诺来开展的，缺少对回收项目管理的系统性研究，缺少从企业整体层面，包括企业回收项目目标、信息沟通、激励机制管理等的研究。

从消费者的层面，学者们对回收行为的研究多以环保行为的研究为基础，主要集中在三个方面：其一，研究消费者的特征，如态度、价值观、面子等对消费者环保行为的影响（Schultz and Oskamp，1996；McCarty and Shrum，2001；余福茂等，2011；王建明，2013；倪明，2015）；其二，研究外在的刺激，其中包括宣传信息、经济奖励、教育等影响因素的作用（Lord，1994；White，2011；李春发等，2015；Welfens，2016）；其三，探讨产品本身的形状、尺寸等对消费者回收行为的影响（Trudel and Argo，2013）。

虽然国内外有关环保行为的研究较多，但是针对回收行为的研究，尤其是围绕旧衣回收行为的具体研究较少。西方学者目前取得的结论是：个体、产品、环境因素、消费者对旧衣回收渠道的熟悉程度、回收渠道的便捷性等均会对消费者的旧衣回收行为造成影响（Koch and Domina，1997；Domina and Koch，1999；Birthwistle and Moor，2007；Albinsson and Perera，2009）。消费者普遍缺乏旧衣回收的相关知识，因此教育类的宣传活动有助于推动未来的旧衣回收行为（Stall-Meadow and Goudeau，2012）。另外，也有数据显示，旧衣回收中孩子的衣服占比要高于成人的衣服（Sego，2010）。显然，这些结论中都忽视了个体参与旧衣回收项目时的感知压力对最终行为带来的影响。国内学者的研究视角多集中在电子废弃物的回收行为研究，鲜有关于旧衣回收行为的研究。

综上所述，关于旧衣回收项目的研究还存在很多值得发掘的领域，企业层面与消费者层面的切入点的结合能够让研究更加清晰和深入。此外，目前的研究结论比较分散，缺少具有结构性和系统性的理论研究及影响因素分析。基于此，本章选择了质性研究的方法，从实际案例出发来分析和探究旧衣回收项目的管理模式，将企业和消费者结合在一起，寻求两个层面的链接方式以及它们对消费者回收行为的作用机制，进而为未来的学术研究和实践操作提供更加全面的理论支持和建议依据。

第三节　企业介绍

本章旨在从企业和消费者的双重视角来探索企业对旧衣回收项目的管理模型。本章选择了案例研究的方法，主要出于以下三点考虑：首先，本章涉及的旧衣回收项目，在过去鲜有学者研究，因此还处于探索阶段，而案例研究能够深入、透彻地对现象进行探索和分析；其次，本章希望探索消费者参与旧衣回收项目的内在动机，这与案例研究旨在揭示现象内在机制的初衷不谋而合；最后，本章从企业和消费者双向的角度出发，来探索企业如何通过管理消费者的内在压力对抗模式来管理旧衣回收项目，而案例研究能够灵活地展现企业管理的动态过程。

根据本章的研究内容，我们在企业案例选择方面设定了两个基本要求：第一，需要挑选服装行业的品牌，偏重快时尚品牌。一方面因为服装行业与旧衣回收项目的联系比较紧密，得到的结论更易于在实践中应用；另一方面，快时尚品牌本身和环保之间存在一定的冲突，因此快时尚品牌对于旧衣回收项目的管理要比一般企业的旧衣回收项目的管理更加复杂，对于这类企业的研究有助于模型的推广。第二，需要挑选已经开展了旧衣回收项目的企业。因为只有已经实施过旧衣回收项目的企业才能提供有效的数据支撑，同时也更具分析价值。基于以上两点，我们选择了 H&M。

作为全球知名的快时尚品牌，H&M 始终致力于环境保护工作。该品牌于 2013 年在全球范围开启了旧衣回收项目，并持续到现在，属于快时尚品牌中较早开启旧衣回收项目的品牌。因此，H&M 的旧衣回收案例良好契合本章所关注的内容。本章聚焦于 H&M 在中国市场的旧衣回收项目管理，并探索他们如何通过管理匹配—压力制约，来管理中国消费者的旧衣回收行为。

H&M 于 1947 年在瑞典创立，主要经营服装和化妆品，是全球知名的快时尚品牌。它于 2007 年进入中国，在上海开设第一家门店。截至 2016 年年底，H&M 在大陆已经开设了 444 家门店。H&M 始终致力于承担企业的公益环保责任，作为其公益环保活动的一部分，H&M 于 2013 年开启了全球范围的旧衣回收活动。消费者可以携带任何品牌的旧衣到任何 H&M 门店进行旧衣回收，每袋衣服（3～4 件衣服）就能够换取一张 8.5 折卡，用于购买 H&M 商品时享受八五折优惠，每张卡只能以八五折的价格购买一件商品。

H&M 将回收的旧衣交给合作伙伴进行分类，这些衣物将根据 400 多项不同的标准得到分类和评估，并通过以下四种途径来处理：重新穿着（re-wear），即将那些保存质量较好的旧衣，归为二手商品被再次穿着，这类衣服将捐给贫困山区、受灾地区和其他需要帮助的群体；重新利用（reuse），即将破旧的衣物转化为其他产品，如清洁布等；循环使用（recycle），其他衣物将被转化为绝缘材料、车辆座椅填充物等，还可以被研磨成纤维，织成纱线，或制成新的纺织品；生产能源（energy production），99% 的回收衣服都将被重新穿着、重新利用或循环使用，而最后的 1% 将被转化为新能源再度利用。

在过去三年多的时间里，H&M 对于项目的宣传主要强调人们可以通过将衣服带到店内回收而赋予衣服新的生命，也就是从情感（emotion）的角度入手来激发人们的参与。截至 2017 年 4 月，H&M 已经在全球回收超过 39000 吨闲置衣物，相当于生产 1.96 亿件 T 恤所需的材料。在中国市场上看，过去三年，业绩良好的门店每月能够回收 150 袋左右的衣服，但是业绩一般的门店每月回收衣服的数量仅能维持在 30 袋左右。

第四节　数据收集

本章主要通过半结构式访谈（采访消费者、企业管理层、门店销售人员）、非正式访谈（采访门店销售人员）、门店现场观察和媒体报道跟踪等方式来获得多样化的数据。这样通过多种渠道和方式获得的数据，能够形成良好的互补，并实现交叉验证。同时，从企业和消费者的双重视角入手进行采访，也确保了研究结论的全面性和适用性。

访谈的先期准备：我们的研究团队成员以"神秘访客"的形式到访门店，与店内的销售人员进行攀谈。同时，扮演顾客的团队成员还亲自带着旧衣到门店体验了旧衣回收的整个过程。此外，我们通过搜索网上媒体报道、阅览企业网站和企业的微信公众号等方式来获得二手数据。我们团队进行了一轮先期的数据搜集工作，为采访做了充足的准备。在采访结束之后，我们又根据采访内容，进行了一些资料的补充搜集和整理。

半结构式访谈：在消费者的层面，我们随机邀请了80位来自北京和宁波的消费者进行半结构式的访谈，每位消费者的采访时间为40分钟。本章的研究选择了北京和宁波市场，是因为：其一，两个市场能够确保研究的外部效度，使研究结果更具普遍性和推广性；其二，北京和宁波分别是一线城市和二线城市，市民的收入和消费水平不同，且前者是北方城市，后者是南方城市。这样确保了样本的多样性和差异性。本研究团队在北京和宁波的大学、大型购物商场、餐厅等人群聚集地随机邀请消费者参与"一对一"的采访，工作人员会记录被邀请者的联系方式并告诉受访者，采访团队将在一个星期内联系他们。接受采访的消费者均能获得100元的购物卡奖励。

在企业层面，我们采访了H&M公司的中国区行政总裁、中国区可持续发展经理、中国区市场部主管、中国区公关经理和门店经理以及H&M旧衣回收项目在中国的合作伙伴（采访提纲参见附录六）。具体的访谈内容参见表7-1。其中企业层面的采访都通过面对面的访谈形式完成，消费者层面的采访通过面对面访谈或电话采访的形式完成。我们的采访团队会在每天采访结束后，将录音整理成文档的形式。在初始资料中，会将录音中的每句话都复原到文档中，以避免有内容的遗漏和疏忽。最终，在企业层面我们一共整理了近5万字的文稿，在消费者层面我们一共整理近10万字的文稿。

表 7 – 1　　　　　　　　　　半结构式访谈的内容介绍

序号	人员来源	采访人员	采访内容	采访次数	采访的总共时间
1	企业内部人员	H&M 中国区行政总裁	H&M 的全球旧衣回收项目的诞生背景、目标、愿景以及未来的规划	1	0.5 小时
2		中国区可持续发展经理	H&M 旧衣回收项目在中国的详细介绍，包括过去三年的发展、现状、未来的发展规划、中国的合作伙伴等	2	3 小时
3		中国区市场部主管	H&M 旧衣回收项目在公司内部的培训流程、培训现状、门店的执行情况、具体回收数据和未来目标、店内的宣传和推广	2	4 小时
4		中国区公关经理	H&M 旧衣回收项目在中国的媒体宣传和推广、线上和线下活动	1	1.5 小时
5		门店经理	4 家不同区域和城市的 H&M 门店的经理，了解旧衣回收项目在店内的执行情况以及消费者到店内后的流程、接待人员安排、店内项目的执行效果等	4	4 小时
6		门店销售人员	4 家不同区域和城市的 H&M 门店的销售人员，了解日常消费者在店内询问项目、参与项目的情况、消费者针对项目的一些特定问题和要求、是否存在冲突等情况	4	4 小时
	时间总计				17 小时
7	合作伙伴	研发伙伴	旧衣变新衣的设计和研发理念及过程	1	1.5 小时
8		旧衣回收伙伴	旧衣处理的过程、包括旧衣分类和后续处理流程	1	1.5 小时
	时间总计				3 小时
9	消费者	消费者	包含受访者的基本情况、受访者的服装购买方式、受访者的旧衣回收行为、受访者日常的环保行为这四方面内容	80	360 小时
	时间总计				360 小时

第五节　模型构建

一、编码过程

我们首先对原始数据进行处理，借助 NVIVO 软件进行文本编码。我们的编码过程分成了四个阶段：第一个阶段是初始编码。即分别对企业层面和消费者层面的采访文本进行编码，每个层面的编码由两位课题组成员负责，每位成员先单独编码，之后将两份编码反复对比和讨论，为每个语句、短语或词组赋予了相应的概念标签。第二个阶段是概念的划分。我们依然是分别对企业层面和消费者层面的概念进行分类归属，将每个概念划分到不同的范畴中，并将每个范畴归属到一个主范畴中。在范畴划分的过程中，我们反复参阅过去的文献，力求更为精准地进行概念的范畴化过程，探索最具概括性和代表性的范畴内容。第三个阶段是范畴的关系构建。我们将企业层面和消费者层面的范畴和概念进行了汇总，找到相同或类似的概念，即消费者提到的有关企业的内容和企业层面本身的内容进行了结合，例如，有消费者提及："我根本就不在意什么折扣卡，拿了张折扣卡，好像我就是为了折扣卡才参加的"，这句话在单独的消费者层面的编码时，被编注了"参与动机归因""受众参与项目的奖励机制"和"受众希望获得的奖励"三个概念，这三个概念又被归于"动机归因压力"和"受众激励匹配"两个范畴内，因此这两个范畴之间就建立了相应的联系。第四个阶段，我们基于所有的范畴和范畴之间的联系，构建了旧衣回收项目的管理路径，提炼出了整个管理模型中的核心范畴：即匹配—压力—旧衣回收行为。表 7-2 展现了研究的编码过程。

表 7 - 2　　　　　　　　　　　　　　　　编码过程汇总

		企业层面编码	
核心范畴	主范畴	范畴	初始概念
匹配	信息匹配	信息横向匹配	市场部门的信息获得性、可持续发展部门的信息获得性、部门之间的信息一致性
		信息纵向匹配	管理层与员工信息一致性、员工的有效信息获得性、员工对信息的知晓程度
		信息内外匹配	企业和受众之间的信息一致性、受众的有效信息获得性、媒体信息的一致性
	目标匹配	内部目标匹配	企业管理层的目标、市场部的目标、可持续发展部门的目标
		外部目标匹配	受众参与项目的目标、企业对外宣称的目标
	定位匹配	形象层面匹配	企业的形象定位、旧衣回收项目的定位
		受众层面匹配	企业的目标受众定位
	激励匹配	部门激励匹配	部门的费用支出、部门的绩效考核
		员工激励匹配	员工的项目职能、员工的项目责任、员工的项目奖励
		受众激励匹配	受众参与项目的奖励、受众希望获得的奖励

		消费者层面编码	
核心范畴	主范畴	范畴	初始概念
压力	内生压力	亲密分离压力	人与衣服的分离、人与衣服的亲密关系
		时间便捷压力	将衣物带出的方便程度、逛街的时间紧迫程度
		责任归因压力	不合适的衣服、不合适的渠道、他人穿着旧衣的舒适性、旧衣流入二手市场
		动机归因压力	自己参与项目的动机归因、企业举办项目的动机归因
	外施压力	信息失衡压力	旧衣回收渠道的获得性、项目细则的获得性
		他人在场压力	他人可视携带旧衣、他人可视捐献旧衣
		参照群体压力	室友处理旧衣的方式、配偶处理旧衣的方式、父母处理旧衣的方式
旧衣回收行为	参与企业旧衣回收行为	参与企业旧衣回收行为	从未参与、曾经参与

二、模型阐述

基于上述编码过程，本章构建了旧衣回收项目的管理模型（参见图7-1），该模型从企业和消费者两个层面来分析企业应该如何管理旧衣回收项目，提出了企业如何在匹配—压力制约下来激活公众参与旧衣回收项目的行为，即企业如何通过管理"匹配"来减少和缓解消费者的内外压力，进而促进他们开展旧衣回收行动。该模型包含两个核心部分，就是"匹配"和"压力"，以下将分别从这两个核心范畴展开，对模型进行详细介绍。

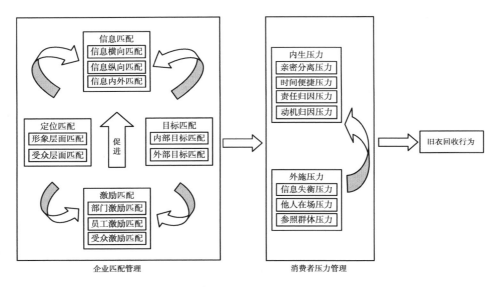

图7-1 旧衣回收项目的管理模型

（一）企业匹配管理

我们通过对H&M的案例分析，提出了"企业匹配"的概念，企业层面的匹配主要包括信息匹配、定位匹配、目标匹配和激励匹配四个方面。以下将分别介绍企业如何管理这四方面的内容。

（1）信息匹配：信息匹配是指企业的不同信息接收方所获得的信息的一

致性。在旧衣回收项目中，信息主要包括旧衣回收项目在企业战略中的地位、项目举办的目的、项目的具体内容和细节（例如，如何回收旧衣、旧衣处理方式等）。信息的接收方包括企业高层、企业基层员工以及参与活动的消费者。①在企业高层之间的匹配（即信息横向匹配）主要是每个部门领导对于旧衣回收项目的地位和目的的认同，信息横向匹配主要通过高层会议的方式来实现。如果公关部门将该项目视为一次提升企业社会责任感、增强美誉度和口碑的方式，但销售部门认为这个项目仅是一个提升销量的手段，那么两个部门之间的就存在信息匹配的缺失。这种信息不匹配会导致消费者压力的增大。②在企业高层和基层员工之间的信息匹配（即信息纵向匹配）主要是双方对项目举办的目的和项目具体内容的信息保持一致性，信息纵向匹配主要通过公司内部培训来实现。如果企业高层认为旧衣回收项目是一个非常重要的企业社会责任项目，但是店铺销售人员仅认为这是一个普通的项目，那么基层员工就不会重视和加强对该项目的传播。同样，如果销售人员不清楚旧衣回收项目的内容，如衣服处理方式，那么在企业高层和基层员工之间就存在严重的信息匹配缺失。③在企业内部和消费者之间的信息匹配（即信息内外匹配）主要是双方对项目具体内容和细节的信息保持一致性，信息内外匹配主要是通过宣传、店铺销售人员介绍、口碑传播等来完成。如果消费者希望获得的信息和企业传递的信息之间存在不一致性，就会存在信息内外不匹配的情况，这就将导致消费者压力的加剧。

（2）定位匹配：定位匹配是指企业举办包括旧衣回收项目在内的公益项目，是否能够与企业的自身形象和企业的目标受众匹配。①每个企业都有自己的形象定位，有的企业始终投身于企业社会责任的实践中，致力于为社会、社区和环境做出自己的贡献。这种企业在举办公益项目时，能够比较好地实现形象层面匹配。但有些企业，本身的产品可能会对环境带来影响或者在过去鲜少涉足企业社会责任实践，这类企业就需要比较漫长和艰辛的过程来转变人们的观念。如 H&M 所在的快时尚行业，给人们的感觉一向是推动衣服的更新，导致旧衣的堆积和浪费。这种情况下，企业只能通过长期的努力来转变人们的印象，实现形象层面匹配。②不同企业的市场定位和目标人群定位也不相同。从市场层次上，企业可能定位于高端、中端或低端的市场；相应的，企业产品的目标受众年龄、收入等也不相同。在这种情况下，企业需要设计能够与受众匹配的公益项目（受众层面匹配），进而实现事半功倍的效果。

（3）目标匹配：目标匹配包括内部目标匹配和外部目标匹配。①内部目标匹配是指企业各个部门对于旧衣回收项目或其他公益项目的目标需要与企业最高管理层对项目的整体目标保持一致。从 H&M 的案例来看，企业最高管理层是将旧衣回收项目作为企业社会责任项目中的一部分，树立"H&M 始终致力于环境保护和可持续发展"的形象，同时"大量地回收旧衣来支持企业在全球的可持续发展系列的研发工作"。那么在执行过程中，企业的市场部、可持续发展部门以及销售部门对于这个项目的目标设定都应该围绕企业的总体目标来开展。只有这样才能实现良好的企业内部目标匹配。②消费者在参与这类项目时，也会抱有自己的目标。有些消费者希望通过参与旧衣回收项目来帮助到更多的人，也有些消费者只是希望自己的旧衣"有一个去处，而不是被堆积在衣橱里"。只有当企业对外宣传的项目目标与消费者自身的目标匹配时，才可能促进消费者的参与。

（4）激励匹配：激励匹配是指企业采用的激励手段与被激励方希望获得的方式保持一致。①企业的旧衣回收项目往往涉及几个部门，例如，H&M 的旧衣回收项目的运营和管理涉及可持续发展部、销售部、市场部和公关部等多个部门，每个部门围绕旧衣回收项目的目标设定和绩效考核都需要与部门的实际需求达到一致，即部门激励匹配。②对于店铺销售人员，员工在回收项目中的职能、责任和相应的奖励也应该匹配。企业应该为负责旧衣回收项目的店铺销售人员提供一定的奖励，促进他们更好地推广和执行该项目，实现员工激励的匹配。③我们通过质性研究也发现，消费者对于参与品牌的旧衣回收项目的期望也不同，那么企业也应该深入了解消费者需求，设置能够激励消费参与的奖励机制，进而实现受众激励匹配。企业的定位匹配管理和目标匹配管理能够促进和影响企业的信息匹配管理和激励匹配管理，同时，良好的激励匹配管理又能推动企业的信息匹配度的提升。

（二）消费者压力管理

我们通过对消费者的采访发现，消费者在参与旧衣回收项目时，会感到压力，这种压力又会阻碍他们开展旧衣回收行为。消费者压力主要包括内生压力和外施压力两个方面，以下将分别介绍两方面内容。

（1）内生压力：内生压力主要是消费者自身存在的一些压力，这主要是由于消费者自身过去的经历、感受等所导致消费感知到的压力。内生压力存在较大的个体差异，不同的消费者对于内生压力各方面的感知会有不同。①亲密分离压力是指人们与自己的物品分离时所感知到的内心压力。这类物品往往是人们经常使用、投注了感情的物品，如衣物、书籍等。个体对于衣物的界定和注入的情感程度不同，因此与衣物分离时所感到亲密分离压力也会不同。②时间便捷压力是指人们所感到的将衣物带出门的方便程度、捐助衣物的时间紧迫程度等。不同消费者由于自身的时间、出行工具等的差异，会导致时间便捷压力有所不同。③责任归因压力是指消费者认为自己要对捐助衣物的后续进程负有责任而产生的压力。有些受访者认为："如果捐了不合适的衣物，可能会给捐衣物的组织和接收衣物的人带来麻烦或者不适。"也有受访者指出："我很担忧衣物的流向，听说有些旧衣会流入二手市场。"④动机归因压力是指消费者对自己参加这次旧衣回收项目的原因以及企业举办此次旧衣回收项目的原因产生的困惑而导致的压力。

（2）外施压力：外施压力是指外界的原因给消费者带来的压力。这种压力虽然也存在一定的个体差异，但是相比内生压力，外施压力的共性更加显著，更加便于企业进行施压源的管理。①信息失衡压力是指消费者因为无法获得有关旧衣回收项目的全面信息而感知到的压力。②他人在场压力是指消费者在参与旧衣回收项目时，由于会被他人看到自己拎着旧衣或捐献旧衣而感知到的压力。③参照群体压力是指消费者的参照群体，如室友、配偶、父母等的旧衣处理方式对自己带来的压力。此外，消费者感知到的外施压力也会影响到消费者内生压力，进而促进或抑制消费者的参与行为。

（三）企业匹配—消费者压力管理

本章从企业和消费者的双重视角开展了质性研究，搭建了企业和消费者之间的管理桥梁：匹配—压力的管理路径。企业通过管理项目的"匹配"能够更好地管理和舒缓消费者参与压力，进而促进消费者的参与行为。相反，如果企业忽视了项目的"匹配"问题，则会导致消费者压力的加剧，甚至恶化，进而抑制了消费者参与行为。以下将详细分析四种匹配对压力带来的影响。

（1）信息匹配：企业信息的匹配能够确保员工和消费者都接收到全面、一致的信息，避免了由于信息的含糊不清或者自相矛盾，导致消费者产生强烈的信息失衡压力。另外，通过信息内外匹配的管理，企业可以定期给消费者发信息来提醒他们参与旧衣回收活动，进而减少消费者的时间便捷压力。此外，信息内外匹配也会促进项目的口碑传播，提升受众的参与度，缓解消费者的参照群体压力。

（2）定位匹配：企业对于定位匹配的管理，能够帮助企业树立一种"始终致力于环境保护"的形象，而不是"只是为了商业目的而不得不进行回收项目"的形象，这样让消费者在参与项目时，也能够感觉到自己是真的在为环境做出贡献，而非成为企业商业活动的推手。因此，这方面的管理能够帮助消费者缓解动机归因压力。

（3）目标匹配：企业通过目标匹配的管理，能够让消费者意识到自己参与的目标和企业的目标是一致的，与衣服的分离是为了帮助环境和其他人，进而缓解和克服了消费者的亲密分离压力。同时，目标匹配也能够与定位匹配一样缓解消费者的动机归因压力。

（4）激励匹配：我们通过采访发现，店铺人员的态度、语言会直接影响消费者的他人在场压力。企业对于部门和员工的激励匹配管理，能够促进店铺人员以积极、友善的态度（而不是置之不理的态度）对待参与旧衣回收项目的消费者，这样能够有效缓解参与者的他人在场压力。同时，企业采用消费者期望得到的奖励机制，才能有效地释放消费者的动机归因压力和亲密分离压力。有些受访者提及："我本来想参加的，但是因为有折扣卡，让我感觉好像是为了拿折扣卡才参加的"，也有受访者称："一个小证书或者小认可，要远好于一张折扣卡"。所以激励匹配的管理能够让消费者更加认同自己是为了环境保护才要参与项目。

2016 年年底，H&M 品牌决定要再次推广旧衣回收活动，时间定在 2017 年 4 月，也就是春夏换季的时候，这样避免了消费者因为没有旧衣而无法参加活动。但是，如何再次推广这个活动，从何种视角切入进行推广，与以往的推广应该有哪些不同，应该从哪些方面进行改善，都是 H&M 迫切需要回答的问题。

第六节　模型应用

本章基于"匹配—压力"管理模型，对 H&M 旧衣回收项目的现状进行了分析，发现公司目前主要存在信息匹配度和激励匹配度双低的问题。基于这两点问题，我们为 H&M 提出了"五·一"建议。

第一，一次内部培训。这条建议主要是为了解决项目的信息纵向匹配度较低的问题。通过我们的调查发现，公司很多销售人员甚至都不知道公司将如何处理这些旧衣。当他们面对消费者时，无法对衣服的去向给出准确的回答，加剧了消费者的信息失衡压力，进而抑制了消费者开展旧衣回收行为。内部培训能够确保信息至上而下地传递到一线销售人员，让每位销售人员都意识到此次活动对于品牌、对于环境的重要性，清楚了解此次活动的相关信息和细节，这样他们就能认真并且专业地面对来参加或者询问旧衣回收活动的消费者，缓解他们的信息失衡压力，进而提升他们的参与度。

第二，一句感谢表达。这条建议主要为了解决项目的员工激励匹配较低的问题。我们通过研究发现，H&M 门店销售人员的现有接待方式会给受访者带来沉重的他人在场压力。目前，销售人员都是让消费者自行将旧衣倒入回收箱，然后将折扣卡交予消费者，整个过程非常冷漠。通过与销售人员的采访发现，有些销售人员觉得这个活动额外增加了自己的工作量，但是公司也不会有所奖励。因此，销售人员的态度只是一个表象，源头是公司对于销售人员的激励与销售人员的预期之间的匹配度较低的问题。因此，从公司的角度，应该对参与此次项目的销售人员给予感谢和肯定，并鼓励他们将"感谢"传递给每一位参与项目的消费者，如"谢谢您的参与"。同时，帮助他们一起将旧衣倒入回收箱。这样能够有效缓解消费者的他人在场压力，促进曾经参与过的消费者再次参与项目。

第三，一部宣传短片。这条建议主要为了解决项目的信息内外匹配度较低的问题。研究结果显示，很多消费者对于 H&M 旧衣回收项目的了解很少，甚至对于一些基本的信息，如哪些门店接受旧衣、哪些旧衣可以拿来捐赠等，都知之甚少。这就导致消费者存在严重的信息失衡压力。以往的广告，也都是泛泛提到此次活动，缺少对于细节的介绍。因此，我们建议 H&M 拍摄一部宣传短片，将旧衣项目的详细信息，如衣服如何分拣、后续处理方式等都通过短片表达出来。这部宣传短片推出后，有效地解决了信息内外匹配的问题，成功舒缓了消费者的信息失衡压力，同时也能从一定程度上减少消费者的亲密分离压力。

第四，一次额外奖励。这条建议主要为了解决项目的受众激励匹配问题。我们通过质性研究发现，部分受访者在参与这类旧衣回收活动时，并不会期待任何奖励或者只期待一些小纪念品之类的精神层面的奖励。目前的八五折卡，让部分受众感觉，自己是为了获取打折卡才参与的活动，造成了一定的动机归因压力。此外，也有受众认为："如果我真的是为了打折卡，那么这么一张打折卡也太少。"因此，我们建议品牌改善目前的奖励机制，推出一些其他方式的奖励形式。

第五，一套会员系统。这条建议主要为了解决信息内外匹配度和受众激励匹配问题。目前，H&M 的线上会员和线下分离，因此企业无法了解到底哪些消费者实际参与过旧衣回收活动，抑或是了解他们对于参与活动的预期，难以实现信息内外匹配和受众激励匹配。建立会员管理系统，企业可以定期发送信息提醒消费者参与旧衣回收活动，缓解他们的时间便捷压力。同时，通过会员系统，也能够帮助品牌提供符合消费者预期的激励方式，提升受众激励匹配，舒缓消费者的动机归因压力。

基于我们的建议，H&M 于 2017 年 4 月 17 日至 4 月 23 日进行了新一轮的旧衣推广活动。对内，企业进行了一轮内部员工的培训，让每一位参与项目的员工都清楚了解了活动的重要意义和活动的相关细节。同时，企业还表彰了那些曾经参与过项目的员工，为他们进行了专门的访谈并在内刊上呈现，以此来感谢和奖励员工。对外，企业拍摄了一部短片用于宣传旧衣回收项目，该短片在企业的微信公众号以及爱奇艺等视频网站上播出，短片中详细介绍了有关旧衣回收活动的细则以及旧衣的处理方式。另外，在活动期间，企业加大了奖励力度，每袋衣服能够换取 2 张八五折卡。虽然由于成本等方面的考虑，企业没有能够设立其他形式的奖励机制，也没有能够实现线下的会员制度，但是，还是在整个活动中融入了我们给出的前四条建议，并取得了良好的效果。由此可见，本章所提出的旧衣回收项目管理模型，具有较强的应用性和可操作性。

第七节　研究讨论

本章通过对 H&M 企业的旧衣回收项目的案例研究，构建了旧衣回收项目管理模型，通过从企业和消费者的双重视角进行分析，提出了匹配—压力—回收行为的作用路径。本章的研究发现，消费者参与旧衣回收的行为受到了消费者所感知到的内生压力和外施压力的制约，只有缓解了这些压力，消费者才可能真正地开展旧衣回收行为。因此，企业需要通过管理信息、目标、定位和激励四方面的匹配来疏解和降低消费者的内外压力，进而促进消费者的旧衣回收项目参与行为。

从学术角度来看，目前专门针对企业的回收项目管理的研究基本上处于空白的状态，如果将视角扩大到企业的公益项目的管理，现有研究也多是从企业社会责任的角度入手来进行分析的，也就是本章中的"定位匹配"问题。目前的研究缺少对于公益项目的系统、全面的分析，同时也忽视了企业的管理手段对于消费者的感知的影响以及进而对最终行为的制约。本章所提出的"匹配—压力"作用路径，将企业层面的管理手段与消费者层面的感知有效地结合起来，为未来学者的研究提供了新的切入点，学者们既可以继续在"匹配"层面深入探究企业如何实现信息、目标、定位和激励的匹配，也可将"匹配"理念延伸至更多企业项目的管理之中，从多领域探索"匹配"对"消费者压力"的制约和舒缓。

从企业管理实践的角度来看，本章真正实现了理论和实践的无缝衔接。研究将构建的理论模型直接运用到了企业的旧衣回收项目管理实践中，并取得了良好的效果。本章的旧衣回收项目管理模型能够指导企业更好地管理和实施旧衣回收项目，引导企业从消费者的角度来思考和探索旧衣回收项目，通过管理企业在信息、目标、定位和激励四方面的匹配来管理消费者所感知到的内生和外施压力，进而提升项目的参与度，呈现良好的项目效果。同时，本章结论不仅能够运用在企业的旧衣回收项目中，也能够运用于公益组织、政府的环保项目管理和运营中。例如，对于政府来说，信息的匹配既能极大地缓解公众的信息失衡压力，目标和定位的匹配也能减少公众的责任归因和动机归因压力，进而促进公众更好地参与环保项目。

在未来，我们将继续保持企业和消费者的双重视角来探索企业对旧衣回收项目以及其他公益项目的管理模式。一方面我们需要进一步探索，企业的"匹配"管理除了能够缓解消费者的压力制约外，还能够影响哪些方面的因素，进而促进消费者的旧衣回收项目参与行为；另一方面，也需要继续研究企业还能够通过哪些方面的管理来减少消费者的压力制约，进而提升他们的参与行为。此外，我们将对消费者的内生压力和外施压力进行实证的测量和检验，以求为未来的研究提供更多的数据参考和支撑。

第八章 中国式环保行为管理建议

本书在第二章总结了中国式环保行为的特征，概括有五点：区域差异性大、偶然性较多、外显性较高、利益导向性强和他人影响效果显著。同时，第二章还指出，目前中国消费者的环保行为涵盖了初步期、上升期和成熟期三个阶段。针对这五大特征和三个阶段，本书建议政府、公益组织和企业在进行中国式环保行为管理中，应该注意以下五个方面的问题。

一、注意区域差异，因地制宜地开展环保活动或推广环保产品

区域性差异性大会导致同样的环保项目或者环保产品在一个区域受到欢迎，但是在另一个区域却反响平平。面对这样一个区域性差异较大的市场，企业的绿色产品应该先从处于成熟期的消费群体和成熟期密集的区域入手进行推广。因为这些区域的消费者的环保意识较强，环境保护知识水平较高，对于绿色产品的接受程度较高。同时，他们愿意为绿色产品支付额外的时间或者金钱，这个群体的消费者收入水平相对较高，他们能够负担溢价的绿色产品。此外，这个区域的消费者对于其他区域的消费者，具有示范作用。能够从一定程度上影响到其他区域的消费者的绿色产品购买行为。同样，对于政府来说，从成熟期密集的区域入手来推广环保项目，能够起到事半功倍的作用。因为这种消费者将环保视为一种责任和义务。他们愿意加入环保项目中来，付出他们的时间和精力，承担他们本来就应该承担的责任和义务。

针对这样一个群体，企业和政府的营销切入点应该契合这个群体对于环保的关注点：即集中在环境知识的传递和与项目或产品相关的环境贡献的总

结。让人们看到，环保项目或者绿色产品如何给环境带来改善，带来怎样的改善，通过数字和图片等形式，让人们看到行为的开展会对环境带来的变化，缓解人们参与环保活动或者购买绿色产品时关于"是否能够真正给环境带来改变"的顾虑和担忧，这样才能更好地促进人们开展环保行为。

相反，如果政府或企业的环保项目或者绿色产品是针对上升期密集的区域，那么营销的宣传点就应该做出相应的调整：即集中宣传这个项目或者产品所引领的潮流。因为这个处于这个阶段的消费者将环保视为一种潮流，他们希望通过参与这种环保项目或者购买这种绿色产品来表达自己的环保态度，彰显自己的潮流意识。所以政府和企业可以在这样的区域邀请意见领袖来参加、倡导和宣传活动或者购买绿色产品，这样他们的示范效应就会带动更多的消费者来参与。

二、利用偶然性，提供简单便捷的环保活动或环保产品

中国消费者开展环保行为的偶然性较多。这个特征虽然表明我国在促进消费者形成绿色生活方式的道路上还有很远的路程要走，但是也从另一个方面说明，政府、公益组织和企业可以通过创造偶然的机会（即环保活动），让消费者从没有开展过环保行为转变为开展环保行为。但是由于偶然性，因此这种环保项目的设置应该以简单和便捷为原则。简单，即项目的设计和项目传递的信息应该简洁明了，让接触到项目的人都能清楚了解如何参与这个项目。同时，项目涉及环境知识也应该用最浅显易懂的语言来表达，略去专业的术语。例如，我们在第七章列举的 H&M 公司的旧衣回收项目。这个项目在最初的宣传中，没有讲清楚消费者应该如何参加、怎么参加，以及旧衣的去处，导致项目的知晓性和参与度都很低。在我们的建议下，项目进行了相应的调整，通过一部短视频将项目的参与方式、旧衣处理方式等用最为简单的方式传递，人们观看视频就一目了然，自然会提升人们对于项目的参与度和项目知识的传播度。

同时，政府、公益组织和企业在实施环保项目管理中，要考虑项目的持久性和可重复性，考虑如何延长消费者的偶然性环保行为，进而将偶然性逐

渐转变为习惯性。例如，有一些跟进的活动或后续的反馈，让消费者持续了解到自己如何改善了环境以及自己未来还能够做哪些事情来改善环境，这样消费者才会愿意反复参与环保项目。

同样，企业为中国消费者提供的环保产品也应该秉承简单便捷的设计，如采用简洁明了的环保标志、传递通俗易懂的环境知识。例如，本书第三章的可口可乐公司的植物环保瓶™的例子，这种瓶子的外身采用了绿色的包装纸，让消费者一眼就能分辨出这种瓶子与传统的红色包装瓶子的差异，认出环保瓶子，减少了消费者的寻找时间。同时，在企业新闻稿中，避免了那些深奥晦涩的专业词语，直接强调了采用30%可再生植物原料，这样消费者一下就能捕捉到新款产品与环境之间的关系。这种简单便捷的方式，尤其能够引起那些刚刚处于初步期和上升期的中国消费者的注意。

三、重视外显性，提供互动性环保活动或环保产品

中国式环保行为具有外显性较高的特征。这一特征也与中国消费者环保行为所处的阶段（大部分处于上升期阶段）息息相关。上升期的消费者将环保行为视为一种潮流，因此他们需要不断地让别人看到自己的环保行为，进而认可自己的潮流意识和环保态度。

政府、公益组织和企业在设计环保活动或环保产品时，应该充分考虑中国消费者环保行为的外显性特征，让消费者能够在互动中参与环保活动，同时消费者能够通过社交网络分享自己的参与，这样自己的环保行为能够被他人看到，也就能够得到别人的赞许和认同。同样，当消费者看到参照群体在参与某个环保活动时，也会想要积极参与，进而与参照群体的人们保持一致。例如，支付宝从2016年年底发起的"蚂蚁森林"活动，完美地诠释了互动性环保活动在中国市场的价值。参与者可以将自己的行走步数的累计捐给公益活动，从而获得"绿色能量"，帮助自己种植的小树成长。消费者还可以借助朋友的力量，从朋友那里获得"绿色能量"来帮助自己的小树成长。当小树长成大树时，蚂蚁金服就会相应种植一棵树。截至2017年年底，支付宝的蚂蚁森林已累计种植和维护真树1314万棵，守护12111亩保护地，这个活动属

于典型的互动性环保活动。人们在自己的支付宝页面可以看到其他人的步行数、参与情况、绿色能量累计情况、小树成长情况等。为了展现更多的绿色能量，参与者需要不断增加参与的频率、参与的时间等。同时消费者之间还可以分享彼此累计"绿色能量"的经验和技巧，并邀请更多的消费者参加，这样的互动性就促使了此次活动信息在消费者中迅速扩散。

同样，在环保产品的设计方面，企业也需要考虑到中国式环保行为的外显性特征。例如，Baggu 就是将环保的理念融入购物袋中，采用帆布、梭织布、无纺布等环保材质，同时又结合了时尚的外观设计，提供了多种色彩丰富的选择，打破了人们对购物袋那些"呆板""难看"的传统刻板印象。因此，这款产品从 2007 年上市以来，受到了越来越多的中国消费者的喜爱，成为环保购物袋的代表性品牌。所以中国企业在设计和推广环保产品时，应该时刻牢记：处于上升期的消费者，特别渴望拥有这种将时尚与环保相结合的外显性产品，来彰显自己的环保态度和时尚敏感度。产品宣传的信息不仅要传递环保，更要营造一种潮流的趋势，代表一种潮流的态度。

四、融合利益导向性，传递契合消费者诉求的营销信息

中国式环保行为的第四个特征是：利益导向性强。从这个特征出发，政府、公益组织和企业需要了解到中国消费者参与环保活动或者购买环保产品的真实诉求。利益导向性表明，消费者参与这类活动或者购买环保产品，还是希望能够获得一定的利益，这种利益可能是经济利益，也有可能是社会认可，或是其他方面，如健康、舒适、便捷等。政府、公益组织和企业的环保活动或环保产品的宣传信息中应该强调，参与这个活动能够给消费者带来何种利益。例如，参与回收旧衣的活动能够帮助消费者清空衣橱；选择自行车出行能够有利于消费者的身心健康发展；购买新能源汽车或者节能家电能够帮助消费者每年节约多少成本；购买绿色护肤品能够对消费者的皮肤带来哪些改善等，这些信息都能够直击中国消费者的内心，带来内在的触动，进而促进人们最终的环保行为。

同时，企业在融合利益导向性时，还要考虑到中国式环保行为的第一个

特征，即地区差异性大。不同区域的消费者的利益诉求会有所差异。对于处于接触期的消费者来说，利益的诉求点可能与成本紧密相关；对于上升期的消费者来说，利益的诉求点可能是娱乐、潮流和时尚，也有可能是认可和赞许；但是对于成熟期的消费者来说，利益的诉求点可能就是责任和义务的履行。因此，可能对于成熟期的消费者来说，企业履行环保方面的社会责任的信息能够显著影响他们参与环保活动或者购买环保产品的意愿，但是对于接触期或者上升期的消费者来说，效果就可能不显著。

五、借助他人影响的力量，实现事半功倍的效果

中国式环保行为的第五个特征是：他人影响效果明显。"他人"可以成为知识的传播者；"他人"可以成为环保行为的"示范者"和"赞许者"；"他人"还可以成为环保行为的"监督者"。政府、公益组织和企业可以借助这些"他人"的力量，来促使消费者开展环保行为。例如，政府可以通过对小学生进行垃圾分类的教育来反向代际影响他们父母的垃圾分类行为，因为家人之间的环保知识传递速度和影响效果非常显著。

在"示范者"方面，企业可以通过邀请明星参与环保活动来吸引更多的消费者的参与。这时明星能够起到"示范"的作用，该作用对于处于上升期的消费者尤为显著。例如，2010年，蒙牛曾经举办了一个牛奶包装互动回收的活动，鼓励消费者将用过的蒙牛奶盒放到超市指定的包装盒回收箱内。当时，蒙牛邀请了姚明、章子怡、周迅等诸多明星参与了活动，并请明星在现场亲自示范"牛奶包装四部曲"：喝光、折角、压扁、回收。这种示范效果让参与者感受深刻，也让越来越多的消费者加入蒙牛的环保活动中。此外，政府、公益组织和企业还可以设计上述的"互动性环保活动或环保产品"来发挥"赞许者"的作用，让人们可以在活动中展示自己对于环保的热情和态度，通过参与环保活动或者购买环保产品来获得他人的认可和鼓励。

最后，"监督者"的力量也不可忽视。例如，邀请人们公开承诺参与环保活动，这样人们的承诺就被他人所了解，也就成了他人监督的途径。人们为了避免他人的指责，就会主动完成自己对环境的承诺以及履行自己对环境的

责任。同时，企业还可以在环保类产品的柜台或者货架旁设立销售人员，这时销售人员就扮演了"他人"中的监督者角色。"监督者"的力量对于处于成熟期的消费者尤为有效，他们能够唤醒人们对环境的责任意识，促使他们购买环保产品或者参与环保活动。

本书的第三章至第七章，分别介绍了不同类型的环保行为的研究，并在研究最后给出了相应的管理建议。因此这里就不再针对某种具体的环保行为提供重复的管理建议了。总之，对于政府、公益组织和企业来说，在环保活动和环保产品的设计和营销推广中，需要充分考虑中国式环保行为特征和中国消费者环保行为所处的阶段，这样才能达到预期的效果。

第九章 中国式环保行为研究展望

本书的第一章对过去近50年西方学者关于消费者环保行为的研究进行了梳理，分析了消费者环保行为研究的基础理论和总体影响因素；同时，基于Stern（2000）对个人领域的环保行为的界定和分类，从能源节约行为、节能用品购买行为、绿色行为和回收行为四个方面对西方的研究进行了翔实的归纳和分析，指出各类环保行为之间的共性和差异。第一章能够帮助国内学者更加深入地理解西方学者在消费者环保行为领域的研究现状、西方消费者与中国消费者在环保行为方面的差异以及未来研究的方向。同时，第一章还详细分析了消费者环保行为将经历的五个阶段：接触期、起步期、上升期、成熟期和习惯期。这个阶段的划分能够帮助学者们更好地了解和分析中国消费者的环保行为所处的阶段以及相应的特征。

本书的第二章梳理了过去20年，中国学者对于环保行为的相关研究，对比了西方学者和中国学者在消费者环保行为研究方面的差异，同时对比了中国式环保行为与西方消费者环保行为的差异，总结了中国式环保行为的特征。通过中西方的研究和实际行为的对比，我们认为中国的消费者环保行为研究还存在以下拓展的空间。

第一，在消费者环保行为研究的理论基础方面，中国学者需要丰富现有的研究理论，将社会学、心理学、经济学、管理学等学科的理论和工具融合在一起，拓展现有的研究理论，通过多种理论和方式来诠释中国消费者的环保行为。实现从外部到内部的有机结合，这样才能更加全面、细致地构建中国消费者环保行为的影响机制模型。同时，西方的理论是否在中国依然有效，在什么情况下适用，也是学者们在未来需要进一步探索的问题。目前中国学者的多数研究，都是照搬国外的计划行为理论和价值观理论，少数学者运用了规范激活理论，但是并没有将这些理论真正在中国情境下进行拓展、延伸和创新。所以更加丰富和坚实的理论是中国式环保行为研究在未来能够继续深化和拓展的基础保障。

第二，在研究视角方面，西方学者的研究视角更加广阔，实现了由外到内的紧密结合。但是目前，中国学者的研究视角还多是从内部因素入手，如消费者的价值观、态度和统计变量对于他们的环保行为的影响。本书第二章所总结的中国式环保行为特征中指出，中国消费者的环保行为具有偶然性。这一方面说明消费者环保行为不具有连贯性；另一方面也说明，外在的刺激能够有效地引导中国消费者的环保行为。从这一点来，在中国市场，外在的影响因素可能更加重要。所以学者们未来的研究应该更加关注外在干预策略对环保行为的影响。同时，部分西方学者在研究中发现，一些特定的干预策略，如现金奖励等，会在短期发挥效果，但是长期却无法促使消费者继续维持环保行为。这个问题在中国依然值得继续研究和深化，因为这涉及消费者环保习惯的培养和绿色低碳生活方式的形成，涉及未来对于其他环保行为的影响和促进。换言之，如何让干预策略对中国消费者带来的短期行为改变转化为长期的习惯养成，是在未来需要通过田野实验来进行探索的。

第三，本书在第二章中指出了中国消费者与西方消费者在环保行为上的差异。这些差异构成了中国消费者环保行为的独特性。但是目前，关于中国消费者环保行为的研究中，缺少专门针对中国消费者特征的研究。例如，相比西方社会，中国社会为消费者提供的环保行为施展空间有限，相应的配套设施有待改善，如供以绿色出行的公共交通系统、供以回收旧物的回收箱等。如何在现有情况下，激励消费者开展环保行为，值得学者们深入地探讨。同样，中国是一个地域广阔的国家，每个区域甚至每个城市的消费者对于环境知识的掌握程度不同，对于环境保护的态度也有所差异；每个城市面对的情况，如各种能源的匮乏程度和获取便利性，以及环境保护配套设施程度各不相同。因此，学者们很难将中国消费者视为一个整体进行分析。但是目前，针对消费者环保行为的区域差异研究非常稀少。未来的研究，应该因地制宜地分析不同地区的消费者对于环保行为的干预策略偏好以及其中的差异，并进一步分析差异产生的内在作用机制，这样得到的研究结论才能更加有效地用于实践的指导。此外，在价值观方面，中国消费者所持有的共通的、传统的价值观是否会对消费者环保行为带来影响，会带来哪些影响呢？以往的研究，肯定了集体主义价值观对环保行为的积极影响。但是对于中国新生代消费群体来说，他们是否还认同传统的集体主义价值观；如果不认同，他们又持有怎样的价值观或理念，这些又将如何影响他们的环保行为，这些有趣的问题有待未来的学者去回答。

第四，在研究内容方面。西方学者的研究内容更加精细和丰富，但是相对来讲，中国学者的研究更加宽泛，缺少一些更加具体和细化的聚焦。例如，中国学者对于回收行为的研究更多地都集中在电子废弃物和垃圾分类的研究上，在未来可以拓展更多的领域，如旧衣、食品包装、纸质品等，分析不同回收行为的差异以及针对各种不同的回收产品探索不同的影响因素。近两年，西方学者开始关注回收产品本身对于消费者回收行为的影响，这也可以是中国学者在未来采用的切入点。

第五，在研究方法方面，近几年，西方学者关于消费者环保行为的研究多采用实地实验和实验室实验，这种方法能获取消费者实际的行为数据，实现从意愿到行为之间的过渡，解决了"环保意愿和环保行为之间存在较大差异，环保意愿难以代替环保行为"的问题。但是，目前中国学者有关消费者环保行为的研究多采用调查问卷的方式。虽然这种方式能够快速获取大量样本，但是难以获得实际的行为数据。在未来，学者们可以进一步促进环保行为研究与实践的结合，让研究融入实践，这样得出的结论才能更加有指导意义。

第六，近几年，部分西方学者开始探讨社会认可奖励对于环保行为的影响。在西方，很多消费者都将环保行为视为一种"能够获得社会认可"或者"符合社会规范"的行为。那么在中国，社会认可奖励是否依然能够发挥作用？消费者对待那些"开展环保行为的消费者"是怎样评价的呢？例如，对于能源节约行为，他们是将其视为一种"值得赞许"的行为还是与"小气""过于节俭"等词语相联系？对于购买电动汽车的群体，消费者是会将他们与"环保人士"联系在一起，还是将其视为"低收入人群"？如果是后者，那么政府和企业如何转变人们的这种观念？这些问题在过去鲜有学者探讨，在未来值得深思和探索。

附录一　绿色产品购买意愿实验中的文章设计

请您仔细阅读以下几段短文，并根据短文内容回答相应问题，圈出正确的选项（单选题）

2013 年 2 月，中国环保部的监测数据显示，我国已成为全球 PM2.5 污染最为严重的地区。PM2.5 颗粒可在人体肺部沉降，长期吸入 PM2.5，很可能诱发慢性阻塞性肺炎、加重哮喘，乃至导致肺癌等。有专家指出，PM2.5 一方面产生于日常发电、工业生产、汽车尾气排放等过程中的直接排放；另一方面是各种挥发性有机物等在空气中通过化学反应产生的二次污染物。解决环境问题刻不容缓，而控制碳排放成为关键。越来越多的企业推出了环保型产品。例如，来自欧洲的 Widerman 公司在今年为其旗下的知名 Pure 矿泉水推出了植物环保瓶，该瓶采用 30% 的植物原料（甘蔗甜渣）结合传统石油原料制造而成，与传统完全依赖石油的 PET 塑料瓶相比，植物环保瓶减少了对不可再生能源的依赖，而且降低了 45% 的碳排放量。与 PET 塑料瓶装的 Pure 矿泉水相比，植物环保瓶 Pure 矿泉水的口味保持不变，售价从 2.5 元/瓶提升到 3.5 元/瓶。

1. Widerman 公司的植物环保瓶采用了_____的植物原料。

   A. 15%　　　　B. 20%　　　　C. 25%　　　　D. 30%

2. 植物环保瓶比 PET 塑料瓶降低了_____的碳排放量。

   A. 30%　　　　B. 45%　　　　C. 40%　　　　D. 55%

3. 植物环保瓶的 Pure 矿泉水比 PET 塑料瓶的 Pure 矿泉水价格高_____。

   A. 0.5 元　　　B. 1 元　　　　C. 2.5 元　　　D. 3.5 元

Widerman 公司从 2000 年起就加入了环境保护的行列。该公司曾经与大自然保护协会、国际环境保护组织协会、国际绿色和平组织等多个国际环保组织合作，投入大量资金支持环保项目，并鼓励自己的员工在休息日参与环境组织的活动。同时，该公司还专门成立了环境研发小组，积极研发环保型产品。

4. Widerman 公司曾经与多个环保组织协会开展过合作，短文中没有提到哪个组织？

　　A. 大自然保护协会　　　　　　B. 国际环境保护组织协会

　　C. 绿十字国际环保协会　　　　D. 国际绿色和平组织

根据 Widerman 公司提供的数据显示，Pure 矿泉水中有 85% 的消费者选择了植物环保瓶。该公司 CEO Philipp 先生在接受记者采访时表示："越来越多的消费者选择植物环保瓶，他们愿意为环保事业做出贡献。同时，我们更加欣喜地看到，消费者中大部分是年轻人，他们是未来的希望，他们的环保意识和行动能够对世界未来的环境带来很大的改变。"Pure 矿泉水在中国市场一直广受欢迎，Philipp 先生有信心，中国的消费者，尤其是中国的年轻人也一定会愿意为环保事业做出自己的贡献。

5. Widerman 公司提供的数据显示，_____ 的消费者选择购买植物环保瓶。

　　A. 70%　　　　B. 65%　　　　C. 75%　　　　D. 85%

附录二 绿色产品购买意愿实验中的感知价值量表

请圈出以下语句描述对应的分数，1 代表"完全不同意"，2 代表"不同意"，3 代表"部分同意、部分不同意"，4 代表"同意"，5 代表"完全同意"。

序号	描述	分数				
1	使用绿色环保瓶有助于改善生态环境	1	2	3	4	5
2	使用绿色环保瓶会减少对环境的污染	1	2	3	4	5
3	使用绿色环保瓶对社会发展有好处	1	2	3	4	5
4	使用绿色环保瓶有助于提高环保意识	1	2	3	4	5
5	当我使用绿色环保瓶时感到很轻松	1	2	3	4	5
6	使用绿色环保瓶让我感觉良好	1	2	3	4	5
7	使用绿色环保瓶能给我带来愉快的感觉	1	2	3	4	5
8	使用绿色环保瓶带给我与大自然和谐相处的感觉	1	2	3	4	5
9	使用绿色环保瓶帮我给别人留下好印象	1	2	3	4	5
10	使用绿色环保瓶可以给我赢得更多的赞许	1	2	3	4	5
11	使用绿色环保瓶帮我树立积极健康的个人形象	1	2	3	4	5
12	绿色环保瓶的定价比较合理	1	2	3	4	5
13	绿色环保瓶提供了与之价格相符的价值	1	2	3	4	5
14	绿色环保瓶比较经济实惠	1	2	3	4	5
15	通过绿色环保瓶的介绍，我获得了更多有关环境的知识	1	2	3	4	5
16	我对于使用绿色环保瓶充满了新鲜感	1	2	3	4	5
17	我对于绿色环保瓶背后的科技充满了好奇	1	2	3	4	5

附录三 绿色产品购买意愿实验中的亲环境个人规范量表

请圈出以下语句描述对应的分数，1 代表"完全不同意"，2 代表"不同意"，3 代表"部分同意、部分不同意"，4 代表"同意"，5 代表"完全同意"。

序号	描述	分数				
1	政府需要采取更加强硬的手段来清理环境中的有毒物质	1	2	3	4	5
2	我感觉个人有责任通过自己的行动来防止气候的变化	1	2	3	4	5
3	我感到个人有责任通过自己的行动来阻止人们向空气、水和土壤中排放有毒物质	1	2	3	4	5
4	公司和行业需要减少它们的排放以防止气候的变化	1	2	3	4	5
5	政府应该在国际上施加压力以保护热带雨林	1	2	3	4	5
6	政府应该采取更加强硬的手段来减少碳排放和防止全球气候变化	1	2	3	4	5
7	从热带地区进口产品的公司有责任防止这些热带国家的森林遭到破坏	1	2	3	4	5
8	人们应该尽一切努力来防止热带雨林的消失	1	2	3	4	5
9	化学工厂应该有效地清理那些排放到环境中的有毒物质	1	2	3	4	5

附录四　电动汽车购买行为研究中的访谈提纲

（第一轮访谈提纲）

汽车使用和出行方式

汽车拥有情况

1. 家里有几台车？型号和品牌？何时购买？是否有更换过汽车？买汽车时主要的考虑因素是什么？（如果没有车，是否考虑购买？）

2. 你家的车如何停放？（购买了固定车位？租用车位？其他？）

新能源汽车的情况

1. 你是否新能源汽车？

2. 是否会考虑在两年内购买新能源汽车？是否会考虑在未来购买新能源汽车？

3. 如果会，原因是什么？

4. 如果不会，顾虑是什么？有什么阻碍？

5. 身边是否已经有人购买了新能源汽车？他们对新能源汽车的评价？

6. 如何评价这些购买了新能源汽车的消费者？

汽车使用情况

1. 平时主要是谁用车？什么情况下用车？平均每周出行几次？每次大约多少公里？多少分钟？平时使用多还是双休日使用多？一般车里会载几个人？

每月/每年大概的里程是多少？

2. 与过去相比，最近一年驾驶里程是增加还是减少了？

使用成本

1. 你会关注油价的变动吗？你会为了节省汽油支出而经常到便宜的加油站加油吗？在油价上涨时，你采取了哪些具体的应对措施？

2. 去年汽油费用大概多少？去年汽车保养费用大概多少？是去4S店保养吗？去年保险费用大概多少？是全险吗？

3. 去年总体的用车费用大概是多少（包含停车费、过路过桥费等所有）？

替代方式

1. 如果不开车，家里成员都会选择哪些方式出行？你家里有自行车吗？有电动自行车吗？有公交卡吗？是否注册了滴滴、快的或者优步？每周大概使用几次？

2. 选择其他方式出行时，会存在什么问题？会有哪些顾虑？同汽车相比，其他方式的使用成本减少了吗？所花时间增加了吗？在什么情况下，你会自愿不开车出行？

3. 你是否拼过车？是否使用过优步或者专车？

4. 你能忍受多长时间没有车用的情况？如果现在突然没有车用了，你会怎么办？

5. 与以前相比，最近一年家庭成员的出行方式是否有发生变化，如果有，发生了什么样的变化？

6. 平时是否会开车外出旅游？过去一年曾开车到过北京之外的哪些地方？京外行驶的大致公里数有多少？

政策导向

1. 每周限行一天对家庭出行产生了哪些影响？如何应对？

2. 在严重雾霾天时，对单双号限号的态度是怎样的？严重雾霾时，你会考虑不开车出行吗？

3. 对于在出行途中的污染（尾气、雾霾、灰尘、噪音等），你如何应对？

4. 如果政府出台单双号限行措施，你会考虑如何出行？

5. 如果你是政策制定者，会通过什么方式来引导和鼓励人们减少开车出行？

健康意识

1. 家里哪些成员坚持运动？从什么时候开始的？

2. 什么样的运动？大概的频率如何？运动量有多少？你觉得运动和出行可以结合在一起吗？

绿色与环保意识

1. 平时是否会关注或转发有关绿色环保的微信信息？如果会，最近的一条是什么内容？

2. 家里成员平时是否会节约用水用电？家里有哪些节水节电措施？

3. 是否曾经购买过绿色产品，如果有，请列举？价格是否高于非环保产品？

4. 你是否愿意购买或者使用一次性物品？如一次性纸杯、筷子、纸巾、拖鞋等等。

5. 你是否使用过节能灯泡（灯管）、无磷洗衣粉等环保商品？

6. 你觉得个人的环保行为能够对整体环境带来改变吗？如果需要为环保多支付一些费用，你愿意承受的比例是多少？比如，如果环保产品要贵20%，你愿意接受吗？

7. 家里是否有成员特别关注环境保护的问题，如果有，他们曾经给过你什么鼓励或建议，他们的鼓励有效果吗？

8. 请想象一下你理想中的出行环境和出行方式是什么样的，并详细描述出来。

（第二轮访谈提纲）

您好，在2016年4月份，您曾接受过我们一次有关家庭出行的采访，现在我们将基于上次采访，进行一次回访。

第一部分：有关出行变化的问题

1. 在过去一年半的时间里，您和您的家人在出行方面有发生什么改变吗？

2. 有减少或增加机动车出行的频率吗？为什么？

3. 在限号日，是否还是延续以往的出行方式，还是做了一些调整？

4. 在过去 1 年半，是否有购买新的汽车？如果有，是什么牌子？为什么挑选了这辆车？

5. 在未来的两年内有计划购置新汽车吗？如果有，想要更换什么样的汽车？为什么？

6. 是否有使用过共享汽车？如果有，感觉怎么样？如果没有，怎么看待共享汽车？

第二部分：有关新能源汽车的问题

针对上次采访时已经购买电动车的人

1. 上次采访的时候，您提到您已经购买了电动车。能谈一下使用电动车的感受吗？

2. 为什么选择了国内/国外品牌？介绍一下家里电动车？

3. 使用电动车的频率大概如何？家里谁经常使用电动车？

4. 多久充电一次？与燃油车相比，电动车感觉有哪些优势和不足？

5. 如果现在重新选择一次，您还会选择这辆电动车吗？还是会选择其他牌子的电动车？为什么？

6. 您怎么看待燃油车可能退出市场的事情？

针对上次采访时表示有意向购买电动车的人

1. 上次您提到未来有可能购买电动车，那么您现在是否依然这样考虑？

2. 您觉得现在对购买电动车的最大顾虑是什么？

3. 您会挑选什么牌子的电动车？为什么？是会买国外牌子，还是国内的牌子？

4. 您觉得如果购买电动车的话，您是会选择油电混合还是纯电动的？为什么？您知道纯电动、插电式混合电动和传统电动（以烧油为主，典型代表是普锐斯）的区别吗？

5. 您觉得这两年电动车市场有什么变化吗？

6. 您怎么看待燃油车可能退出市场的事情？

7. 您都是如何获得有关电动车的信息的？

针对上次采访时表示不会购买电动车的人

1. 您上次提到未来不会考虑购买电动车，那么您现在是否依然这样考虑？

2. 您知道纯电动、插电式混合电动和传统电动（以烧油为主，典型代表是普锐斯）的区别吗？

3.（如果该受访者表示，现在希望购买）为什么现在觉得有意向购买电动车了呢？

4. 您是如何获得有关电动车的信息的？

5. 您现在对购买电动车的最大顾虑是什么？

6. 您表示不会购买电动车，这是指不会购买纯电动车呢？还是油电混合的电动车也不考虑？为什么？

7. 您怎么看待燃油车可能退出市场的事情？

8. 您身边是否有朋友购买了电动车？您怎么看待购买了电动车的消费者？您觉得他们为什么选择电动车？

附录五 绿色出行行为研究中的
访谈提纲

受访者对其他人选择绿色出行的看法：

1. 和前几年相比，你觉得现在身边的朋友或同事中，选择非机动车出行的人数有所增加吗？

2. 你觉得人们为什么要选择非机动车出行？

3. 你觉得有哪些阻碍限制了人们的非机动车出行？

受访者的家庭出行情况：

4. 你家距离上班的地方远吗？大概多少公里？

5. 你会关注油价的变动吗？你会不会在油价上涨时选择用别的交通方式来代替汽车？

受访者的绿色出行行为：

6. 除了限号日这种必须要选择非机动车出行的情况，你平时会主动选择非机动车出行吗？

7. 为什么会选择/为什么不会选择？（如果不会选择，跳到第12题）

8. 非机动车出行的频率是怎样的？习惯还是偶然想到？

9. 选择非机动车出行时，你会选择什么交通工具？

10. 你和家人平常周末都会做什么？你们会在周末选择非机动车出行吗？如果会，为什么？

绿色出行的他人效应

11. 你会鼓励或建议身边人也进行非机动车出行吗？你会鼓励谁？

12. 你家里人鼓励你进行非机动车出行吗？谁会经常鼓励你？他们通常怎么说？他们的鼓励对你有效果吗？

绿色出行的宣传效果

13. 你平时注意过非机动车出行的宣传吗？如果有，在哪里看到的？你觉得对你有触动吗？

绿色动车出行的政策建议

14. 如果你是政策制定者，你觉得会采取哪些方式来引导人们选择非机动车出行呢？

受访者的环境意识

15. 你觉得气候变化对于个人来说是个严重的问题吗？

16. 你觉得个人的环保行为能够对整体环境带来改变吗？

17. 平时会做哪些特别的事情来进行环境保护呢？

附录六 旧衣回收行为研究中的访谈提纲

（针对企业的采访）

采访 H&M 中国区行政总裁：

1. 请您介绍一下 H&M 旧衣回收项目的诞生背景

2. 设立这个项目的初衷是怎样的？

3. 这个项目未来的规划是如何的？

中国区可持续发展经理

1. 请问 H&M 旧衣回收项目中，旧衣是如何处理的？

2. 是如何选择合作伙伴的？

3. 这个项目进入中国三年来，运行的情况如何？遇到了哪些阻力？如何化解？

4. 这个项目在中国市场的运营和在国外市场有什么不同？

5. 和三年前刚刚开启项目的时候相比，有哪些改善的地方？还有哪些地方有待改善？

6. 未来对于这个项目的规划。

中国区市场部主管

1. 旧衣回收项目上市以前，公司内部开展过哪些沟通和培训？

2. 目前哪些店铺的回收数量最高？什么位置的店铺的项目参与度最高？

3. 你们会给店铺设立回收数量的要求吗？这个会计入员工的 KPI 考核吗？

4. 接下来对每个店铺在这个项目上的回收数量是否有具体的目标？

5. 店内是否有对这个项目做特殊的宣传或推广？

6. 折扣卡的奖励机制是如何制定出来的？是全球统一吗？未来是否会有调整？

中国区公关经理

1. H&M 项目进入中国的时候，采用了哪些宣传的手段？

2. 目前，有哪些持续的营销方式？

3. 我听说今年还想重新推广这个项目，为什么？定位是什么？会有什么举措？

门店经理

1. 店内是否有专门人员负责旧衣回收项目？

2. 店内工作人员对于这个项目的具体执行流程是怎样的？

3. 店内工作人员对于旧衣回收项目是什么态度？

4. 哪些人员参与过旧衣回收项目的培训？是否每个员工都了解这个项目的情况？

5. 通常什么时间回收的衣服数量最多？

6. 店内工作人员是否会记录参与人员的信息？

旧衣回收伙伴

1. 为什么会选择 H&M 合作？

2. 你们选择什么样的合作方式？

参 考 文 献

英文文献

［1］ Abrahamse, W., et al.. A Review of Intervention Studies aimed at Household Energy Conservation ［J］. Journal of Environmental Psychology, 2005, 25: 273 – 291.

［2］ Abrahamse, W., Energy Saving Through Behavioral Change: Examining the Effectiveness of a Tailor-Made Approach ［R］. Thesis of State University Groningen, the Netherlands., 2007.

［3］ Abrahamse, W., Steg, L.. How do socio-demographic and psychological factors relate to households' direct and indirect energy use and savings? ［J］. Journal of Economic Psychology, 2009, 30: 711 – 720.

［4］ Ajzen, I. The theory of planned behaviour ［J］. Organizational Behavior and Human Decision Processes, 1991, 50 (2): 179 – 211.

［5］ Albinsson, P. A. and Perera, B. Y. From Trash to Treasure and beyond: the Meaning of Voluntary Disposition ［J］. Journal of Consumer Behavior, 2009, (8): 340 – 353.

［6］ Alexander Dahlsrud. How corporate social responsibility is defined: an analysis of 37 definitions ［J］. Corporate Social Responsibility And Environmental Management, 2006, 15 (1): 1 – 13.

［7］ Allen, C. T. Self – Perception Based Strategies for Stimulating Energy Conservation ［J］. Journal of Consumer Research, 1982, 8 (2): 381 – 390.

［8］ Allen, J., Davis, D., and Soskin, M. Using Coupon Incentives in Recycling Aluminum: A Market Approach to Energy Conservation Policy [J]. The Journal of Consumer Affairs, 1993, 27 (2): 300 – 318.

[9] Axsen J. , et al. . Social influence and consumer preference formation for pro-environmental technology: The case of a U. K. workplace electric-vehicle study [J]. Ecological Economics. 2013, 95: 96 – 107.

[10] Avineri, E. and Waygood, E. O. D. Applying valence framing to enhance the effect of information on transport-related carbon dioxide emissions [J]. Transportation Research Part A, 2013, 48: 31 – 38.

[11] Baca-Motes, K. et al. Commitment and Behavior Change: Evidence from the Field [J]. Journal of Consumer Research, 2013, 39 (5): 1070 – 1084.

[12] Barbarossa C. , et al. . Personal Values, Green Selfidentity and Electric Car Adoption [J]. Ecological Economics, 2017, 140: 190 – 200.

[13] Barber N. , et al. . Measuring psychographics to assess purchase intention and willingness to pay [J]. Journal of Consumer Marketing, 2012, 29 (4): 280 – 292.

[14] Barff, R. , Mackay D. , Olshavsky R. W. . A Selective Review of Travel-Mode Choice Models [J]. Journal of Consumer Research, 1982, 8 (4): 370 – 380.

[15] Barry J. Barbin, William R. Darden, Mitch Griffi. Work and/or Fun: Measuring Hedonic and Utilitarian Shopping Value [J]. Journal of Consumer Research, 1994, 20 (3): 644 – 656.

[16] Bennet, Lind A, et al. , "Family Identity, Ritual, and Myth: A Cultural Perspective on Life Cycle Transitions," Family Transitions, ed. Ceilia Jaes Falicov, New York: Guilford, 1988, 221 – 234.

[17] Berkhout, P. , Muskens, J. , Velthuijsen, J. . Defining the rebound effect [J]. Energy Policy, 2000, 28 (6 – 7), 425 – 432.

[18] Bernard, Russell. Research Methods in Cultural Anthropology [M]. Newbury Park, CA: Sage Publications, 1988.

[19] Bhattacharya, C. B. , Sankar Sen. Doing Better at Doing Good: When,

Why and How Consumers Respond to Corporate Social Initiatives ［J］. California Management Review, 2004, 47 (1): 9 – 24.

［20］ Birtwistle, G. and Moor, C. M. Fashion Clothing—Where does it all end up ［J］? Journal of Retail and Distribution Management, 2007, 35: 210 – 216.

［21］ Bourdeau L., Chebat J., Couturier C. Internet consumer value of university students: E-mail vs. Web users ［J］. Journal of Retailing and Consumer Services, 2002, (9): 61 – 69.

［22］ Bowen, H. R. Social Responsibilities of Business Man ［M］. New York: Harper and Brots, 1953.

［23］ Brough A. R., et al.. Is Eco-Friendly Unmanly? The Green-Feminine Stereotype and Its Effect on Sustainable Consumption ［J］. Journal of Consumer Research, 2016, 43 (3): 567 – 582.

［24］ Brown, Tom I., Peter A. Dacin. The Company and the Product: Corporate Associations and Consumer Product Responses ［J］. Journal of Marketing, 1997, 61 (1): 68 – 84.

［25］ Brucks M. The effectiveness of product class knowledge on information search behavior ［J］. Journal of Consumer Research, 1985, 12 (1): 1 – 16.

［26］ Whan C. Park, David L., Mothersbaugh, Lawrence Feick. Consumer Knowledge Assessment ［J］. Journal of Consumer Research, 1994, 21 (6): 58 – 72.

［27］ Carrigan, M., Attalla, A.. The myth of the ethical consumer-do ethics matter in purchase behaviour? ［J］. Journal of Consumer Marketing, 2001, 18 (7): 560 – 577.

［28］ Carroll, A. B.. A three-dimensional conceptual model of corporate social performance ［J］. Academy of Management Review, 1979, 4 (4): 497 – 505.

［29］ Carlson, L., Grove, S. J., Kangun, N. 1993. A content analysis of environmental advertising claims: a matrix method approach ［J］. Journal of Advertising, 22 (3): 27 – 39.

［30］ Cervellon M. C., Wernerfelt A. S.. Knowledge sharing among green fashion communities online Lessons for the sustainable supply chain ［J］. Journal of Fashion Marketing and Management, 2012, 16 (2): 176 – 192.

［31］ Chan, R. Y. K. Environmental attitudes and behavior of consumers in china: survey findings and implications ［J］. Journal of International Consumer Marketing, 1999, 11 (4): 25 – 51.

［32］ Chan, R. Y. K. , Lau, L. B. Y. Antecedents of green purchase: a survey in China ［J］. Journal of Consumer Marketing, 2000, 17 (4): 338 – 357.

［33］ Chang, M. C. , Wu C. C. . The effect of message framing on proenvironmental behavior intentions-An information processing view ［J］. British Food Journal, 2015, 117 (1): 339 – 357.

［34］ Chang T. Z. , Wildt A. R. Price, product information and purchase intention: An empirical study ［J］. Journal of the Academy of Marketing Science, 1994, (22): 16 – 27.

［35］ Chen H. S. , Chen C. Y. , Chen H. K. , et al. . A study of relationships among green consumption attitude, perceived risk, perceived value toward hydrogen-electric motorcycle purchase intention ［J］. AASRI Procedia, 2012, (2): 163 – 168.

［36］ Cialdini, R. B. . Basic social influence is underestimated ［J］. Psychological Inquiry, 2005, 16 (4): 158 – 161.

［37］ Cialdini, R. B. Influence: Science and Practice ［M］, Boston: Allyn & Bacon, 2009, 5th ed.

［38］ Cialdini, R. B. , Carl A. Kallgren, Raymond R. Reno. A Focus Theory of Normative Conduct: A Theoretical Refinement and Reevaluation of the Role of Norms in Human Behavior ［C］ // Advances in Experimental Social Psychology, San Diego: Academic Press, 1991.

［39］ Clarkson, M. E. A stakeholder framework for analyzing and evaluating corporate social performance ［J］. Academy of Management Review, 1995, 20 (1): 92 – 117.

［40］ Coad A. , et al. . Consumer support for environmental policies: An application to purchases of green cars ［J］. Ecological Economics, 2008, 68:

2078 – 2086.

［41］ Cooper, T. Product development implications of sustainable consumption ［J］. The Design Journal, 2000, 3 (2): 46 – 57.

［42］ Cottrell, Stuart P. Influence of Socio-demographics and Environmental Attitudes on General Responsible Environmental Behavior Among Recreational Boaters ［J］. Environment and Behavior, 2003, 35 (3): 347 – 375.

［43］ Cowley, E. and Mitchell, A. A. The moderating effect of product knowledge on the learning and organization of product information ［J］. Journal of Consumer Research, 2003, 30 (3): 443 – 454.

［44］ Cox, D. F. , Rich, S. V. Perceived risk and consumer decision making- the case of telephone shopping ［J］. Risk Taking and Information Handling in Consumer Behavior, Boston: Harvard University Press, 1964: 487 – 506.

［45］ Craig C. S. , McCann J. M. . Assessing Communication Effects on Energy Conservation ［J］. Journal of Consumer Research, 1978, 5 (2): 82 – 88.

［46］ Creyer, E. H. , Ross, W. T. The influence of firm behavior on purchase intention: Do consumers really care about business ethics? ［J］. Journal of Consumer Marketing, 1997, 14 (6): 421 – 432.

［47］ Cronin J. J. , Brady M. K. , Hult G. T. M. Assessing the effects of quality, value, and customer satisfaction on consumer behavioral intentions in service environments ［J］. Journal of Retailing, 2000, 76 (2): 193 – 218.

［48］ D' Souza C. , Taghian M. , Lamb P. . An empirical study on the influence of environmental labels on consumers ［J］. Corporate Communications: An International Journal, 2006, 11 (2): 162 – 173.

［49］ Darby, S. , The Effectiveness of Feedback on Energy Consumption: A Review for DEFRA of the Literature on Metering, Billing and Direct Displays ［M］. Environ mental Change Institute, University of Oxford, Oxford, UK. , 2006.

［50］ Davidson, Debra J. and Wiluam R. Freudenburg. Gender and Environmental Risk Concerns: A Review and Analysis of Available Research ［J］. Environment and Behavior, 1996, 28 (3): 302 – 339.

［51］ Davis, K.. Can Business Afford to Ignore Social Responsibilities ［J］. California Management Review, 1960, 2 （3）: 70 – 76.

［52］ Davis L. W.. The Effect of Driving Restrictions on Air Quality in Mexico City ［J］. Political Economy, 2008, 116 （1）: 38 – 81.

［53］ Davis, K., Blomstrom, R. L.. Business, society and environment: Social power and social response ［M］. 2nd ed. New York: McGraw-Hill, 1971.

［54］ de Haan, P., Peters, A., Scholz, R. W., Reducing energy consumption in road transport through hybrid vehicles: investigation of rebound effects, and possible effects of tax rebates ［J］. Journal of Cleaner Production, 2007, 15: 1076 – 1084.

［55］ Deutsch K., et al.. Modeling travel behavior and sense of place using a structural equation model ［J］. Journal of Transport Geography, 2013, （28）: 155 – 163.

［56］ Dietz, T., Stern, P., New Tools for Environmental Protection: Education, Information, and Voluntary Measures ［M］. National Academy Press, Washington, DC., 2002.

［57］ Dodds, J. What can evoke the brand? ［J］. Advances in Consumer Research, 2002, （5）: 101 – 107.

［58］ Domina, T. and Koch, K. Consumer Reuse and Recycling of Post consumer Textile Waste ［J］. Journal of Fashion Marketing and Management, 1999, （3）: 346 – 359.

［59］ Donaldson, T., Preston, L. E. The stakeholder theory of the corporate: Concepts, evidence, and implications ［J］. Academy of Management Review, 1995, 20 （1）: 65 – 91.

［60］ Dowling, G. R. and Staelin, R.. A model of perceived risk and intended risk handling activity ［J］. Journal of Consumer Research, 1994, 21 （1）: 119 – 134.

［61］ Drumwright, M. E. Company Advertising with a Social Dimension: The Role of Noneconomic Criteria ［J］. Journal of Marketing, 1996, （60）: 71 – 87.

［62］ Eells, R. , Walton, C. . Conceptual foundations of business ［M］. 3rd ed. Burr Ridge, IL: Irwin, 1974.

［63］ Eisler A. D. , Eisler H. . Subjective Time Scaling: Influence of Age, Gender, and Type A and Type B Behavior ［J］. Chronobiologia, 1994, 21 (3 – 4): 185 – 200.

［64］ Elgaaied L. Exploring the role of anticipated guilt on pro-environmental behavior a suggested typology of residents in France based on their recycling patterns ［J］. Journal of Consumer Marketing, 2012, 29 (5): 369 – 377.

［65］ Epp, A. M. and Price, L. L. . Family Identity: A Framework of Identity Interplay in Consumption Practices ［J］. Journal of Consumer Research, 2008, 35 (1): 81 – 101.

［66］ Eskeland, G. S. , Feyzioglu, F. Rationing can backfire "The day without car" in Mexico City ［J］. Policy Research Working paper, 1995, 11 (3): 1 – 33.

［67］ Essoussi L. H. , Linton J. D. . New or recycled products: how much are consumers willing to pay? ［J］. Journal of Consumer Marketing, 2010, 27 (5): 458 – 468.

［68］ Faruqui, A. , Sergici, S. and Sharif, A. . The Impact of Informational Feedback on Energy Consumption A Survey of the Experimental Evidence ［J］. Energy, 2010, 35: 1598 – 1608.

［69］ Follows, S. B. , Jobber, D. , Environmentally responsible purchase behaviour: a test of consumer model ［J］. European Journal of Marketing, 2000, 34 (5 – 6), 723 – 746.

［70］ Foo T. S. Unique Dem and Management Instrument in Urban Transport: the Vehicle Quota System in Singapore ［J］. Cities, 1998, 15 (1): 27 – 39.

［71］ Fryxell, G. , & Lo, C. The influence of environmental knowledge and values on managerial behaviors on behalf of the environment: An empirical examination of managers in China ［J］. Journal of Business Ethics, 2003, 46: 45 – 59.

［72］ Geller, E. S. . Evaluating energy conservation programs: Is verbal report enough? Journal of Consumer Research, 1981, 8 (2): 331 – 335.

[73] Geller E. S. The challenge of increasing proenvironmental behavior. In: Bechtel, R. , Churchman, A. (Eds.), Handbook of Environmental Psychology. Wiley, New York, 2002, pp. 525 – 540.

[74] Gneezy, Ayelet, et al. Paying to Be Nice: Consistency and Costly Prosocial Behavior [J]. Management Science, 2012, 58 (1), 179 – 187.

[75] Goldstein, N. J. , Cialdini, R. B. , & Griskevicius, V.. A room with a viewpoint: Using social norms to motivate environmental conservation in hotels [J]. Journal of Consumer Research, 2008, 35 (8): 211 – 222.

[76] Greeley, A. Religion and attitudes toward the environment. Journal for the Scientific Study of Religion, 1993, 32: 19 – 28.

[77] Grunert, S. C. Everybody seems concerned about the environment but is this concern reflected in (Danish) consumers' food choice [J]? European Advances in Consumer Research, 1993, (1): 428 – 433.

[78] Han, Q, et al.. Intervention Strategy to Stimulate Energy-saving Behavior of Local Residents [J]. Energy Policy, 2013, 52: 706 – 715.

[79] Handelman, Jay M. , Stephen J. Arnold. The Role of Marketing Actions with a Social Dimension: Appeals to the Institutional Environment [J]. Journal of Marketing, 1999, 63 (7): 33 – 38.

[80] Heath, Y. , Ifford R.. Extending the Theory of Planned Behavior: Predicting the Use of Public Transportation [J]. Journal of Applied Social Psychology, 2002, 32 (10): 2154 – 2189.

[81] Hines, J. M. , Hungerford, H. R. , Tomera, A. N. Analysis and synthesis of research on responsible environmental behavior: A meta-analysis [J]. Journal of Environmental Education, 1987, 18: 1 – 8.

[82] Hoch, S. J. , Deighton, J. Managing what consumers learn from experience [J]. Journal of Marketing, 1989, 53: 1 – 20.

[83] Houwelingen J. H. V. , Raajj W. F.. The Effect of Goal-Setting and Daily Electronic Feedback on In-Home Energy Use [J]. Journal of Consumer Research,

1989, 16 (1): 98 – 105.

[84] Hornik J., et al. Determinants of Recycling Behavior: A Synthesis of Research Results [J]. The Journal of Socio-Economics, 1995, 24 (1): 105 – 127.

[85] Hutton, R. B., McNeill, D. L. The value of incentives in stimulating energy conservation [J]. Journal of Consumer Research, 1981, 8 (2): 291 – 298.

[86] Hutton, R. B., Wilkie W. L.. Life Cycle Cost: A New Form of Consumer Information [J]. Journal of Consumer Research, 1980, 6 (4): 349 – 360.

[87] Ian Phau, Denise Ong. An investigation of the effects of environmental claims in promotional messages for clothing brands [J]. Marketing Intelligence & Planning, 2007, 25 (7): 772 – 788.

[88] Isaac Cheah, Ian Phau. Attitudes towards environmentally friendly products: The influence of ecoliteracy, interpersonal influence and value orientation [J]. Marketing Intelligence & Planning, 2011, 29 (5): 452 – 472.

[89] Janssen, M. A. and Jager, W.. Stimulating diffusion of green products [J]. Journal of Evolutionary Economics, 2002, 12 (3): 283 – 306.

[90] Jennifer J. Argo, Darren W. Dahl, Rajesh V. Manchanda. The Influence of a Mere Social Presence in a Retail Context [J]. Journal of Consumer Research, 2005, 32 (9): 207 – 212.

[91] Jessica M. Nolan, P. Wesley Schultz, Robert B. Cialdini, etc. Normative Social Influence is Underdetected [J]. Personality and Social Psychology Bulletin, 2008, 34 (7): 913 – 923.

[92] Juhl H. J., et al.. Will the Consistent Organic Food Consumer Step Forward? An Empirical Analysis [J]. Journal of Consumer Research, 2017, 44 (3): 519 – 534.

[93] Joachim Schahn, Erwin Holzer. Studies of Individual Environmental Concern: The Role of Knowledge, Gender, and Background Variables [J]. Environment and Behavior, 1990, 22 (6): 767 – 786.

［94］Johe, M. H. , Bhullar, N. , To buy or not to buy: the roles of self identity, attitudes, perceived behavioral control and norms in organic consumerism ［J］. Ecological Economics, 2016, 128: 99 – 105.

［95］Josephine Pickett-Baker, Ritsuko Ozaki. Pro environmental products: marketing influence on consumer purchase decision ［J］. Journal of Consumer Marketing, 2008, 25（5）: 281 – 293.

［96］Kaman Lee. Opportunities for green marketing: young consumers ［J］. Marketing Intelligence & Planning, 2008, 26（6）: 573 – 586.

［97］Karen L. Becker-Olsen, B. Andrew Cudmore, Ronald Paul Hill. The impact of perceived corporate social responsibility on consumer behavior ［J］. Journal of Business Research, 2006,（59）: 46 – 53.

［98］Katzev, R. D. , & Johnson, T. R. Comparing the effects of monetary incentives and foot-in-the-door strategies in promoting residential electricity conservation ［J］. Journal of Applied Social Psychology, 1984, 14（1）: 12 – 27.

［99］Van Liere K. D. , Dunlap R. E. . Moral Norms and Environmental Behavior: An Application of Schwartz's Norm-Activation Model to Yard Burning ［J］. Journal of Applied Social Psychology, 1978, 8（2）: 174 – 188.

［100］Kahn, M. E. , Do greens drive Hummers or hybrids? Environmental ideology as a determinant of consumer choice ［J］. Journal Environmental Economics and Management, 2007, 54: 129 – 145.

［101］Kim, H. Y. , Jae-Eun C. Consumer purchase intention for organic personal care product ［J］. Journal of Consumer Marketing, 2001, 28（1）: 40 – 47.

［102］Kim M. , Kim S. , Lee Y. . The effect of distribution channel diversification of foreign luxury fashion brand on consumers' brand value and loyalty in Korean maket ［J］. Journal of Retailing and Consumer Services, 2010, 17（4）: 286 – 293.

［103］Koch, K. and Domina, T. The Effects of Environmental Attitudes and Fashion Opinion Leadership on Textile Recycling in the US ［J］. Journal of Consumer Studies and Home Economics, 1997, 21: 1 – 17.

[104] Kornhauser, A., Fehlig, M., Marketable permits for peak hour congestion in New Jersey's route 1 corridor [C]. TRB 2003 Annual Meeting, (O3 3456).

[105] Kronrod, Ann, Amir Grinstein, and Luc Wathieu. Go Green! Should Environmental Messages Be So Assertive? [J]. Journal of Marketing, 2012, 76 (January): 95 – 102.

[106] Kuo Ying-Feng, Wu Chi-Ming, Deng Wei-Jaw. The relationships among service quality, perceived value, customer satisfaction, and post-purchase intention in mobile value-added services [J]. Computers in Human Behavior, 2009, 25: 887 – 896.

[107] Laitala, K. Consumers' clothing disposal behaviour a synthesis of research results [J]. International Journal of Consumer Studies, 2014, 38: 444 – 457.

[108] Laroche, M., Bergeron, J., Barbaro-Forleo, G. Targeting consumers who are willing to pay more for environmentally friendly products [J]. Journal of Consumer Marketing, 2001, 18 (6): 503 – 520.

[109] Laroche, M., Nepomuceno, M. V.. How do involvement and product knowledge affect the relationship between intangibility and perceived risk for brands and product categories? [J]. Journal of Consumer Marketing, 2010, 27 (3): 197 – 210.

[110] Lee, Julie Anne, Stephen JS Holden. Understanding the Determinants of Environmentally Conscious Behavior [J]. Psychology and Marketing, 1999, 16 (5): 373 – 392.

[111] Line T.. The travel behaviour intentions of young people in the context of climate change [J]. Journal of Transport Geography, 2010, (18): 238 – 246.

[112] LOO L. Y. L., et al.. Transport mode choice in South East Asia: Investigating the relationship between transport users' perception and travel behaviour in Johor Bahru, Malaysia [J]. Journal of Transport Geography, 2015, (46): 99 – 111.

[113] Lord, K. R.. Motivating Recycling Behavior: A quasi-Experimental In-

vestigation of Message and Source Strategies [J]. Psychology and Marketing, 1994, 11 (4): 341 – 358.

[114] Lucas, K., Brooks, M., Darnton, A., Jones, J., 2008. Promoting pro environmental behavior: existing evidence and policy implications. Environmental Science & Policy 11 (5), 456 – 466.

[115] Luo, Xueming, and C. B. Bhattacharya. 2006. Corporate Social Responsibility, Customer Satisfaction, and Market Value [J]. Journal of Marketing, 70 (October): 1 – 18.

[116] Malhotra N. K. Marketing research: An applied orientation [M]. New Jersey: Englewood Cliffs, 1993.

[117] Mathur, L. K. and Mathur, I. An analysis of the wealth effects of green market strategies [J]. Journal of Business Research, 2000, 50 (1): 193 – 200.

[118] Matthew A. C., Eric E. Examining the Impact of Demographic Factors on Air Pollution [J]. Population and Environment, 2004, 26 (1): 5 – 21.

[119] Mau P., et al. The "neighbor effect": Simulating dynamics in consumer preferences for new vehicle technologies [J]. Ecological Economics, 2008, 68: 504 – 516.

[120] McCarty, J. A. and Shrum L. J. The Influence of Individualism, Collectivism, and Locus of Control on Environmental Beliefs and Behavior [J]. Journal of Public Policy and Marketing, 2001, 20 (1): 93 – 104.

[121] McGuire, J. W.. Business and society [M]. New York: McGraw-Hill, 1963.

[122] McNeill D. L., William L. W.. Public Policy and Consumer Information: Impact of the New Energy Labels [J]. Journal of Consumer Research, 1979, 6 (1): 1 – 11.

[123] McWilliams, Abagail, Donald S. Siegely Patrick M. Wright. Corporate social responsibility: strategic implications (editorial) [J]. Journal of Management Studies, 2006, 43 (1): 1 – 18.

[124] Miller, W. L., Crabtree, B. F. Primary care research: a multimethod

typology and qualitative roadmap [C] // Doing Qualitative Research. Crabtree, B. F. and Miller, W. L. (Eds), Sage Publications, Newbury Park, CA, 1992, 3 – 28.

[125] Mostafa, M. M.. Antecedents of Egyptian Consumers' Green Purchase Intentions: A Hierarchical Multivariate Regression Model [J]. Journal of International Consumer Marketing, 2006, 19 (2): 97 – 126.

[126] Mohr, L. A., Deborah J. W., Katherine, E. H.. Do Consumers Expect Companies To Be Socially Responsible? The Impact of Corporate Social Responsibility on Buying Behavior [J]. Journal of Consumer Affairs, 2001, 35 (1): 45 – 72.

[127] Mohr, L. A., Webb, D. J.. The Effects of Corporate Social Responsibility and Price on Consumer Responses [J]. Journal of Consumer Affairs, 2005, 39 (1): 121 – 132.

[128] Mubuka L. S., Miles M. P.. The Corporate Social Responsibility Continuum as a Component of Stakeholder Theory [J]. Business and Society Review, 2004, 110 (4): 371 – 387.

[129] Mullet G. M., Karson M., 1985. Analysis of purchase intent scales weighted by probability of actual purchase [J]. Journal of Marketing Research, 22 (1): 93 – 96.

[130] Narendra S.. Exploring socially responsible behaviour of Indian consumers: an empirical investigation [J]. Social Responsibility Journal, 2009, 5 (2): 200 – 211.

[131] Nelson B., et al. Measuring psychographics to assess purchase intention and willingness to pay [J]. Journal of Consumer Marketing, 2012, 29 (4): 280 – 292.

[132] Nilsson, A., et al. Effects of Continuous Feedback on Households' Electricity Consumption: Potentials and Barriers [J]. Applied Energy, 2014, 122: 17 – 23.

[133] Oliver J. D., Lee S.. Hybrid car purchase intentions: a cross-cultural

analysis [J]. Journal of Consumer Marketing, 2010, 27 (2): 96 – 103.

[134] Onur S., Timothy C.. The link between environmental attitudes and energy consumption behavior [J]. Journal of Behavioral and Experimental Economics, 2014, (52): 29 – 34.

[135] Orjan Widegren. The New Environmental Paradigm and Personal Norms [J]. Environment and Behavior, 1998, 30 (1): 75 – 100.

[136] Oskamp, S., et al.. Factors influencing household recycling behavior [J]. Environment and Behavior, 1991, 23: 494 – 519.

[137] Pachauri S. An analysis of cross-sectional variations in total household energy requirements in India using micro survey data [J]. Energy Policy, 2004, (32): 1723 – 1735.

[138] Pallak, M.S., & Cummings, N. Commitment and voluntary energy conservation [J]. Personality and Social Psychology Bulletin, 1976, 2 (1): 27 – 31.

[139] Palma A., Rochat D.. Mode choices for trips to work in Geneva: an empirical analysis [J]. Journal of Transport Geography, 2000, (8): 43 – 51.

[140] Parasuraman. Reflection on Gaining Competitive Advantage Through Customer Value [J]. Journal of the Academy of Marketing Science, 1997, 25 (2): 156 – 164.

[141] Park, C. Whan, Meryl P. Gardner, Vinod K. Thukral. Self-perceived Knowledge: Some Effects on Information Processing for a Choice Task [J]. American Journal of Psychology, 1988, 101 (Fall): 401 – 424.

[142] Park, C. W., Mothersbaugh, D. L., Feick, L. Consumer knowledge assessment [J]. Journal of Consumer Research, 1994, 21: 71 – 82.

[143] Patrick De Pelsmacker, Wim Janssens, Ellen Sterckx and Caroline Mielants. Consumer preferences for the marketing of ethically labeled coffee [J]. International Marketing Review, 2005, 22 (5): 512 – 530.

[144] Pelsmacker P. D., et al.. Consumer preferences for the marketing of ethically labelled coffee [J]. International Marketing Review, 2005, 22 (5):

512 - 530.

[145] Peterson Robert A. A meta-analysis of cronbach's coefficient alpha [J]. Journal of consumer research, 1994, 21 (2): 381 - 391.

[146] Petkus, E. , Woodruff, R. B. . A Model of the Socially Responsible Decision-Making Process in Marketing: Linking Decision Makers and Stakeholders. Proceedings of the 1992 American Marketers Winter Educators Conference [C]. Marketing Theory and Applications, 1992 (3): 154 - 161.

[147] Polonsky, M. J. , Carlson, L. , Grove, S. , Kangun, N. International environmental marketing claims: real changes or simple posturing? [J]. International Marketing Review, 1997, 14 (4): 218 - 232.

[148] Prakash. A. Green Marketing: Public Policy and Managerial Strategies [J]. Business Strategy and the Environment, 2002, (11): 285 - 297.

[149] Ramsey, C. E. and R. E. Rickson. Environmental Knowledge and Attitudes [J]. Journal of Environmental Education, 1976, (8): 10 - 18.

[150] Ratchford B. T. , et al. . The Impact of the Internet on Consumers' Use of Information Sources for Automobiles: A Re-Inquiry [J]. Journal of Consumer Research, 2007, 34 (2): 111 - 119.

[151] Ricky Y. K. Chan. Consumer responses to environmental advertising in China [J]. Marketing Intelligence & Planning, 2004, 22 (4): 427 - 437.

[152] Ricky Y. K. Chan. Determinants of Chinese Consumers' Green Purchase Behavior [J]. Psychology & Marketing, 2001, 18 (4): 389 - 413.

[153] Ricky Y. K. Chan, Lorett B. Y. Lau. Antecedents of green purchases: a survey in China [J]. Journal of Consumer Marketing, 2000, 17 (4): 338 - 357.

[154] Ricky Y. K. Chan, T. K. P. Leung, Y. H. Wong. The effectiveness of environmental claims for services advertising [J]. Journal of Services Marketing, 2006, 20 (4): 233 - 250.

[155] Robert, J. A. Green consumers in the 1990s: profile and implications for advertising [J]. Journal of Business Research, 1996, 36 (3): 217 - 231.

[156] Rokicka, E. Attitudes towards natural environment [J]. International

Journal of Sociology, 2002, 32 (2): 78 – 90.

[157] Ross, J. K., Patterson, L. T., Stutts, M. A.. Consumer Perceptions of Organizations That Use Cause-Related Marketing [J]. Journal of the Academy of Marketing Science, 1992, 20 (1): 93 – 97.

[158] Sánchez-Fernández, R., Iniesta-Bonillo, M. Á.. The Concept of Perceived Value: A Systematic Review of the Research [J]. Marketing Theory, 2007, 7 (4): 427 – 451.

[159] Scheiner J. Interrelations between travel mode choice and trip distance: trends in Germany 1976 – 2002 [J]. Journal of Transport Geography, 2010, (18): 75 – 84.

[160] Schultz, P. W. and Oskamap, S.. Effort as a Moderator of the Attitude-Behavior Relationship: General Environmental Concern and Recycling [J]. Social Psychology Quarterly, 1996, 59 (4): 375 – 383.

[161] Schwartz S. H. Moral decision making and behavior [M]. In J. Macauley and L. Berkolvitz (Eds.), Altruism and helping behavior. New York: Academic Press, 1970.

[162] Schwartz. S. H. Shalom. Normative Explanations of Helping Behavior: A Critique, Proposal, and Empirical Test [J]. Journal of Experimental Social Psychology, 1973, (9): 349 – 364.

[163] Schwartz S. H. Are there universal aspects in the structure and contents of human values? [J]. Journal of Social Issues, 1994, 50 (4): 19 – 46.

[164] Sego, T. Mothers' Experiences related to the Disposal of Children's Clothing and Gear: Keeping Mister Clatters but Tossing Broken Barbie [J]. Journal of Consumer Behavior, 2010, (9): 57 – 68.

[165] Shaw, D., Shiu, E., Ethics in consumer choice: a multivariate modelling approach [J]. European Journal of Marketing, 2003, 37 (10): 1485 – 1498.

[166] Sheikh S., Rian B.. Corporate social responsibility or cause-related marketing? The role of cause specificity of CSR [J]. Journal of Consumer Market-

ing, 2011, 28 (1): 27 – 39.

［167］Sheth, J. N. , Newman, B. I. , Gross, B. L. Why we buy what we buy: a theory of consumption values ［J］. Journal of Business Research, 1991, 22 (2): 159 – 170.

［168］Shim, S. Environmentalism and Consumers' Clothing Disposal Patterns: an exploratory study ［J］. Clothing and Textiles Research Journal, 1995, (13): 38 – 48.

［169］Smith, S. M. , Alcorn, D. S. . Cause Marketing: A New Direction in the Marketing of Corporate Responsibility ［J］. Journal of Consumer Marketing, 1991, 8 (3): 19 – 35.

［170］Smith, J. R. , et al. Congruent or conflicted? The impact of injunctive and descriptive norms on environmental intentions ［J］. Journal of Environmental Psychology, 2012, 32, 353 – 361.

［171］Stall-Meadows, C. and Goudeau, C. An Unexplored Direction in Solid Waste Reduction: Household Testiles and Clothing Recycling ［J］. 2012, Journal of Extension, 50: 5RIB3.

［172］Stewart Barr. Factors Influencing Environmental Attitudes and Behaviors-A U. K. Case Study of Household Waste Management ［J］. Environment and Behavior, 2007, 39 (4): 435 – 473.

［173］Stern P. C. , et al. A Value-Belief-Norm Theory of Support for Social Movements: The Case of Environmentalism ［J］. Human Ecology Review, 1999, 6 (2): 81 – 97.

［174］Stern P. C. . Toward a Coherent Theory of Environmentally Significant Behavior ［J］. Journal of Social Issues, 2000, 56 (3): 407 – 424.

［175］Stern P. C. , Dietz, T. J. Stanley Black. Support for Environmental Protection: The Role of Moral Norms ［J］. Population and Environment, 1985, 8 (3).

［176］Strong, C. Features Contributing to the Growth of Ethical Consumerism a Preliminary Investigation ［J］. Marketing Intelligence & Planning, 1996, 14

（5）：5 - 13.

[177] Sweeney, J. C. , Soutar, G. N. . Consumer Perceived Value: The Development of a Multiple Item Scale [J]. Journal of Retailing, 2001, （77）: 203 - 220.

[178] Simmons, D. , Widmar, R. Motivations and barriers to recycling: Toward a strategy for public education [J]. Journal of Environmental Education, 1990, （22）: 13 - 18.

[179] Sun M. , Trudel R. The Effect of Recycling Versus Trashing on Consumption: Theory and Experimental Evidence [J]. Journal of Marketing Research, 2017, 54 （2）: 293 - 305.

[180] Teisl, M. F. , Rubin, J. , Noblet, C. L. . Non-dirty dancing? Interactions between ecolabels and consumers [J]. Journal of Economic Psychology, 2008, 29: 140 - 159.

[181] Thaler, R. H. , and Cass R. S. . Nudge: Improving Decisions on Health, Wealth, and Happiness [M] . New Haven, CT: Yale University Press, 2008.

[182] Thomas A. A. Environmental Attitude and Environmental Knowledge [J]. Human Organization, 1990, 49 （4）: 300 - 304.

[183] Todd Green, John Peloza. How does corporate social responsibility create value for consumers? [J]. Journal of Consumer Marketing, 2011, 28 （1）: 48 - 56.

[184] Trudel R. , Argo J. J. , Meng M. D. . The Recycled Self: Consumers' Disposal Decisions of Identity-Linked Products [J]. Journal of Consumer Research, 2016, 43 （1）: 246 - 264.

[185] Trudel, R. and Argo, J. J. 2013. The Effect of Product Size and Form Distortion on Consumer Recycling Behavior [J]. Journal of Consumer Research, 40 （3）: 632 - 643.

[186] Uusitalo, O. , R. Oksanen. Ethical Consumerism: A View from Finland [J]. International Journal of Consumer Studies, 2004, 28 （3）: 214 - 221.

［187］ Viegas, J. M. Making Urban Road Pricing Acceptable and Effective: Searching for Quality and Equity in Urban Mobility ［J］. Transport Policy, 2001, 8 (4): 289 – 294.

［188］ Vigneron F. , Lester J. . Measuring perceptions of brand luxury ［J］. The Journal of Brand Management, 2004, 11 (6): 484 – 506.

［189］ Vladas Griskevicius, Joshua M. Tybur, Bram Van den Bergh. Going Green to Be Seen: Status, Reputation, and Conspicuous Conservation ［J］. Journal of Personality and Social Psychology, 2010, 98 (3): 392 – 404.

［190］ Wang, Y. , Lo, H. P. , Chi, R. , Yang, Y. . An Integrated Framework for Customer Value and Customer-relationship-management Performance: A Customer-Based Perspective from China ［J］. Managing Service Quality, 2004, 14 (2): 169 – 182.

［191］ Wang Wenbo, et al. Turning Off the Lights: Consumers' Environmental Efforts Depend on Visible Efforts of Firms ［J］. Journal of Marketing Research, 2017, LIV (June): 478 – 494.

［192］ Walker J. Voluntary Response to Energy Conservation Appeals ［J］. Journal of Consumer Research, 1980, 7 (1): 88 – 92.

［193］ Webb D, et al. . Self-determination theory and consumer behavioural change: evidence from a household energy-saving behaviour study ［J］. Journal of Environmental Psychology, 2013, (35): 59 – 66.

［194］ Welfens, M. J. Drivers and barriers to return and recycling of mobile phones. Case studies of communication and collection campaigns ［J］. Journal of Cleaner Production, 2016, 132 (2): 108 – 121.

［195］ Werner, C. M. , et al. . Commitment, Behavior, and Attitude Change: An Analysis of Voluntary Recycling ［J］. Journal of Environmental Psychology, 1995, 15 (3): 197 – 208.

［196］ White, K. , et al. . It's the Mind-Set that Matters: The Role of Construal Level and Message Framing in Influencing Consumer Efficacy and Conservation Behaviors ［J］. Journal of Marketing Research, 2011, 48 (3): 472 – 485.

［197］Whitmarsh, L., O'Neill, S.. Green identity, green living? The role of pro-environmental self-identity in determining consistency across diverse pro-environmental behaviours ［J］. Journal of Environmental Psychology, 2010, 30 （3）, 305 － 314.

［198］Willis H H, DeKay M L. The roles of group membership, beliefs, and norms in ecological risk perception ［J］. Risk Analysis, 2007, 27 （5）：1365 － 1380.

［199］Woodruff, Robert B. Customer Value：The Next Source for Competitive Advantage ［J］. Journal of the Academy of Marketing Science, 1997, 25 （2）：67 － 83.

［200］Y. K. Ip. The marketability of eco-products in China's affluent cities：A case study related to the use of insecticide ［J］. Management of Environmental Quality：An International Journal, 2003, 14 （5）：577 － 589.

［201］Zeithaml, Valerie A. Consumer Perceptions of Price, Quality, and Value：A Means-end Model and Synthesis of Evidence ［J］. Journal of Marketing, 1988, （52）：2 － 22.

中文文献

［1］白长虹，范秀成，甘源. 基于顾客感知价值的服务企业品牌管理 ［J］. 外国经济与管理，2002，24 （2）：7 － 13.

［2］常亚平等. 网络环境下第三方评论对冲动购买意愿的影响机制：以产品类别和评论员级别为调节变量 ［J］. 心理学报，2012，44 （9）：1244 － 1264.

［3］常亚平，阎俊，方琪. 企业社会责任行为、产品价格对消费者购买意愿的影响研究 ［J］. 管理学报，2008，5 （1）：110 － 117.

［4］陈家瑶，刘克，宋亦平. 参照群体对消费者感知价值和购买意愿的影响 ［J］. 上海管理科学，2006，（3）：25 － 30.

［5］陈洁，王方华. 感知价值对不同商品类别消费者购买意愿影响的差异 ［J］. 系统管理学报，2012，21 （6）：802 － 810.

［6］陈凯，郭芬，赵占波. 绿色消费行为心理因素的作用机理分析——

基于绿色消费行为心理过程的研究视角 [J]. 企业经济, 2013, 389 (1): 124 – 128.

[7] 陈威宇. 传统价值观对消费行为影响实证研究 [J]. 商业时代, 2012, (9): 139 – 140.

[8] 陈志颖. 无公害农产品购买意愿及购买行为的影响因素分析 [J]. 农业技术经济, 2006, (1): 68 – 75.

[9] 杜红梅, 罗琳艳. 消费者绿色茶油购买意愿及影响因素分析——基于湖南省 407 个消费者的实证分析 [J]. 生态经济学术版, 2012, (2): 301 – 305.

[10] 冯浩. 产品知识对成分品牌联合的调节效应研究 [J]. 统计与决策, 2014, (8): 106 – 110.

[11] 冯建英, 穆维松, 傅泽田. 消费者的购买意愿研究综述 [J]. 现代管理科学, 2006, (11): 7 – 9.

[12] 冯旭, 鲁若愚, 彭蕾. 顾客创新性和顾客产品知识对顾客个人创新行为的影响 [J]. 研究与发展管理, 2012, 24 (2): 42 – 53.

[13] 高杰, 彭红霞. 成分品牌来源国形象、品牌资产及消费者购买意愿 [J]. 审计与经济研究, 2009, 24 (5): 106 – 112.

[14] 葛裕琛等. 企业履行社会责任对消费者的影响 [J]. 经济与管理, 2012, (12): 100 – 105.

[15] 郭际, 吴先华, 叶卫美. 转基因食品消费者购买意愿实证研究——基于产品知识、感知利得、感知风险和减少风险策略的视角 [J]. 技术经济与管理研究, 2013, (9): 23 – 28.

[16] 韩睿, 田志龙. 促销类型对消费者感知及行为意向影响的研究 [J]. 管理科学, 2005, (2): 85 – 91.

[17] 何志毅, 杨少琼. 对绿色消费者生活方式特征的研究 [J]. 南开管理评论, 2004, 7 (3): 4 – 10.

[18] 黄小乐. 环保行为模式的研究现状及走向 [J]. 社会心理科学, 2009, 24 (6): 48 – 54.

[19] 侯俊东, 杜兰英, 李剑峰. 公益事项属性与中国消费者购买意愿关

系实证研究 [J]. 管理科学，2008，21（5）：89－97.

[20] 葛裕琛，曹正，孙艳. 企业履行社会责任对消费者的影响 [J]. 经管研究，2012（12）：100－103.

[21] 金晓彤，赵太阳，李杨. 营销信息如何影响环保型产品的购买意愿——基于他人在场的调节效应分析 [J]. 管理评论，2017，（1）：166－174.

[22] 李春发等. WEEE 回收网站交互性对消费者回收行为的影响——消费者交易感知的中介作用 [J]. 科技管理研究，2015，（3）：209－214.

[23] 连震，蒋珊珊. 基于调节定向与解释水平匹配对购买意愿影响的研究——以网络购物为例 [A]. 中国营销科学学术年会暨博士生论坛论文集. 北京：清华大学出版社，2012。

[24] 刘继富. "面子" 定义探新 [J]. 社会心理科学，2008，23（5）：30－35.

[25] 刘世雄. 基于文化价值的中国消费区域差异实证研究 [J]. 中山大学学报，2005，45（5）：99－103.

[26] 刘文波，陈荣秋. 基于顾客参与的顾客感知价值管理策略研究 [J]. 武汉科技大学学报（社会科学版），2009，11（1）：49－53.

[27] 刘湘宁. "他人在场" 能否构成个人行为的压力 [J]. 企业家天地，2005，（5）：114－115.

[28] 林锟，陈辉云. 我国绿色消费的阻碍因素分析和对策 [J]. 西南民族大学学报，2007，26（8）：155－158.

[29] 马龙龙. 企业社会责任对消费者购买意愿的影响机制研究 [J]. 管理世界，2011（3）：120－131.

[30] 倪明等. 废旧收集回收行为影响因素的实证研究——基于在校大学生问卷调查 [J]. 北京交通大学学报（社会科学版），2015，14（3）：89－96.

[31] 田志龙，王瑞，樊建锋，马玉涛. 消费者 CSR 反应的产品类别差异及群体特征研究 [J]. 南开管理评论，2011，14（1）：107－118.

[32] 潘煜. 中国传统价值观与顾客感知价值对中国消费者消费行为的影响 [J]. 上海交通大学学报，2009，17（3）：53－61.

[33] 潘煜，高丽，王方华. 生活方式、顾客感知价值对中国消费者购买

行为影响 [J]. 系统管理学报，2009，18（6）：601 – 607.

[34] 清华. 对我国绿色消费存在的问题与对策研究 [J]. 现代营销，2011，（7）：218 – 219.

[35] 尚旭东，乔娟，李秉龙. 地域差异、主观感受与消费者可追溯食品购买意愿——基于广州、哈尔滨市的调查数据 [J]. 经济问题，2012，（11）：69 – 74.

[36] 商业周刊中文版，2014 年 11 月 19 日。"旧衣回收"成 ZARA、H&M 等快时尚商业模式重要部分。

[37] 沈鹏熠. 商店环境刺激对消费者信任及购买意愿的影响研究——情绪反应的视角 [J]. 统计与信息论坛，2011，26（7）：91 – 98.

[38] 司林胜. 对我国消费者绿色消费观念和行为的实证研究 [J]. 消费经济，2002，（5）：39 – 42.

[39] 宋亚非，王秀芹. 负面口碑对购买意愿的影响分析——基于传统口碑与网络口碑的对比 [J]. 财经问题研究，2011，337（12）：22 – 27.

[40] 宋亚非，于倩楠. 消费者特征和绿色食品认知程度对购买行为的影响 [J]. 财经问题研究，2012，349（12）：11 – 17.

[41] 苏淞，孙川，陈荣. 文化价值观、消费者感知价值和购买决策风格：基于中国城市化差异的比较研究 [J]. 南开管理评论，2013，16（1）：102 – 109.

[42] 谭婧. 城镇居民的生活方式与绿色购买行为的关系研究——以大石桥市为例 [D]. 长春：吉林大学，2006：24 – 25.

[43] 陶蕊. 基于计划行为理论的环保型产品购买行为分析 [J]. 云南农业大学学报，2011，5（2）：76 – 82.

[44] 田志龙等. 消费者 CSR 反应的产品类别差异及群体特征研究 [J]. 南开管理评论，2011，14（1）：107 – 118.

[45] 汪玲，林晖芸，逄晓鸣. 特质性与情境性调节定向匹配效应的一致性 [J]. 心理学报，2011，43（5）：553 – 560.

[46] 王国猛，黎建新. 环境价值观与消费者绿色购买行为——环境信念的中介作用研究 [J]. 大连理工大学学报，2010，21（4）：37 – 42.

［47］王晗蔚，陈洁，向禹辰．广告信息对仿冒奢侈品购买意愿的影响研究［J］．上海管理科学，2011，33（4）：105－121.

［48］王建明．资源节约意识对资源节约行为的影响——中国文化背景下一个交互效应和调节效应模型［J］．管理世界，2013，（8）：77－90.

［49］王丽芳．论信息不对称下产品外部线索对消费者购买意愿的影响［J］．消费经济，2005，21（1）：41－42.

［50］王颖，李英．基于感知风险和涉入程度的消费者新能源汽车购买意愿实证研究［J］．数理统计与管理，2013，32（5）：863－872.

［51］王兆华，尹建华．我国家电企业电子废弃物回收行为影响因素及特征分析［J］．管理世界，2008，（4）：175－176.

［52］吴亮锦、糜仲春．珠宝知觉价值与购买意愿的经济学分析［J］．商场现代化，2005，（25）：24－26.

［53］吴茂光．企业社会责任对消费者购买意愿的影响分析——TRA理论视角［J］．现代商贸工业，2011（9）：20－21.

［54］谢佩洪，周祖城．中国背景下与消费者CSR与消费者购买意愿关系的实证研究［J］．南开管理评论，2009，2（1）：64－70.

［55］徐蓓．低碳经济下中国中产阶级消费观念的重构［J］．企业经济，2011，（12）：51－57.

［56］徐磊，江林，陈刚．分类选择中的消费者调节定向效应研究［A］．中国营销科学学术年会暨博士生论坛论文集．北京：清华大学出版社，2012.

［57］杨杰，曾学慧，辜应康．品牌来源国（地区）形象与产品属性对品牌态度及购买意愿的影响［J］．企业经济，2011，（9）：42－48.

［58］杨晓燕，周懿瑾．绿色价值：顾客感知价值的新维度［J］．中国工业经济，2006，（7）：110－116.

［59］杨智，董学兵．价值观对绿色消费行为的影响研究［J］．华东经济管理，2010，24（10）：131－133.

［60］余福茂等．居民电子废物回收行为影响因素的实证研究［J］．中国环境科学，2011，31（12）：2083－2090.

［61］于伟．消费者绿色消费行为形成机理分析——基于群体压力和环境

认知的视角 [J]. 消费经济，2009，25（4）：75 −77.

［62］俞国良. 社会心理学 [M]. 北京：北京师范大学出版社，2006.

［63］张广玲，付祥伟，熊啸. 企业社会责任对消费者购买意愿的影响机制研究 [J]. 武汉大学学报（哲学社会科学版），2010，63（2）：244 −248.

［64］张黎，范亭亭，王文博. 降价表述方式与消费者感知的降价幅度和购买意愿 [J]. 南开管理评论，2007，10（3）：19 −28.

［65］张连刚. 基于多群组结构方程模型视角的绿色购买行为影响因素分析——来自东部、中部、西部的数据 [J]. 中国农村经济，2010，（2）：44 −56.

［66］张梦霞. 中国消费者购买行为的文化价值观动因研究 [M]. 北京：科学出版社，2010.

［67］张敏，邓希文. 基于动机的人类基础价值观理论研究——Schwartz 价值观理论和研究述评 [J]. 宁波大学学报，2012，34（1）：32 −38.

［68］张婷，吴秀敏. 消费者绿色食品购买行为分析 [J]. 商业研究，2010，404（12）：117 −121.

［69］赵冬梅，纪淑婉. 信任和感知风险对消费者网络购买意愿的实证研究 [J]. 数理统计与管理，2010，29（2）：305 −314.

［70］郑文清，李玮玮. 营销策略对顾客感知价值的驱动研究 [J]. 当代财经，2012，（11）：80 −89.

［71］周延风，罗文恩，肖文建. 企业社会责任行为与消费者响应——消费者个人特征和价格信号的调节 [J]. 中国工业经济，2007（3）：62 −69.

［72］朱滢. 心理实验研究基础 [M]. 北京：北京大学出版社，2007.